深入浅出
IPv6+

马红兵　唐雄燕◎主　编

曹　畅　王元杰　方遒铿　张　贺◎副主编

人民邮电出版社

北　京

图书在版编目（CIP）数据

深入浅出 IPv6+ / 马红兵，唐雄燕主编. -- 北京：
人民邮电出版社，2025. --（深入浅出）. -- ISBN 978-
7-115-64968-3

Ⅰ. TN915.04

中国国家版本馆 CIP 数据核字第 2024AX7278 号

内 容 提 要

本书分为上下两篇。上篇介绍 IPv6 基础知识，涉及 IPv6 报文组成、各种路由协议对 IPv6 的支持和 IPv6 部署过渡方案等内容。下篇介绍 IPv6+技术网络创新体系，涉及网络编程技术、SFC 技术、IFIT 技术、网络切片技术、新型多播技术、感知应用技术、算力路由技术等内容。

本书适合通信行业从业人员、科研院所科研人员、高校师生及关注通信行业技术发展的相关人士阅读。

◆ 主　　编　马红兵　唐雄燕
　　副 主 编　曹　畅　王元杰　方遒铿　张　贺
　　责任编辑　高　扬
　　责任印制　马振武
◆ 人民邮电出版社出版发行　　北京市丰台区成寿寺路 11 号
　　邮编　100164　电子邮件　315@ptpress.com.cn
　　网址　https://www.ptpress.com.cn
　　固安县铭成印刷有限公司印刷
◆ 开本：720×960　1/16
　　印张：16.25　　　　　　　2025 年 1 月第 1 版
　　字数：246 千字　　　　　　2025 年 1 月河北第 1 次印刷

定价：89.80 元

读者服务热线：(010)53913866　印装质量热线：(010)81055316
反盗版热线：(010)81055315
广告经营许可证：京东市监广登字 20170147 号

编委会

（排名不分先后）

顾问

中国工程院院士 刘韵洁

主编

中国联通科技创新部总经理 马红兵

中国联通研究院副院长 唐雄燕

副主编

中国联通研究院下一代互联网研究部总监 曹畅

中国联通山东省分公司科技创新部 王元杰

中国联通广东省分公司网络业务组 方道铿

中国联通研究院光传输首席研究员 张贺

委员

中国联通研究院基础网络技术研究部总监 王泽林

中国联通山东省分公司科技创新部总经理 付 翔

中国联通广东省分公司云网运营中心总经理　薛松荃
中国联通集团公司云网承载运营室总监　白海龙　杨宏博
中国联通研究院　庞　冉　何　涛　张　帅
　　　　　　　　李建飞　易昕昕　朱　琳
　　　　　　　　张学茹　刘　莹　王东洋
　　　　　　　　满祥锟　沈世奎
中国联通集团有限公司　　刘立刚　屠礼彪　刘雅承
　　　　　　　　　　　　陈　强　史德刚　马晓梅
　　　　　　　　　　　　段致岩　陈　东　马重阳
　　　　　　　　　　　　史正思
中国联通云南省分公司　　李海彬　王永超
中国联通广东省分公司　　杨振东　周婧莹　刘惜吾
　　　　　　　　　　　　杨世标　薛　强　黎　宇
　　　　　　　　　　　　曾楚轩　叶晓斌　陈佳明
　　　　　　　　　　　　范永斌　赵　航　罗家尧
中国联通山东省分公司　　李壮志　周　鹏　吕文琳
　　　　　　　　　　　　侯广营　翟　锐　董　倩
　　　　　　　　　　　　宋　强　曹忠波　曲延庆
　　　　　　　　　　　　闫　军　张　宁　雷中锋
　　　　　　　　　　　　郑维通　刘　凯　刘爱丽

	张龙江	沈旸昀	贾霄
	张谦		
中国联通北京市分公司	赵海超	肖瑞	彭伶珊
中国联通江苏省分公司	胥锋	宋梅	薛金明
	杨韬	潘皓	
中国联通浙江省分公司	孙钦栋	杨莹	

序

FOREWORD

2024 年是中国全功能接入国际互联网 30 周年。1994 年，中国互联网连接了全球互联网，从这一刻起，中国互联网时代正式开启。

30 年来，互联网深刻地改变了人们的生产生活方式，推动了社会变革。如今，互联网已经从消费领域走向实体经济，进入工业互联网或产业互联网时代，网络业务需求发生巨大变化。网络需要确定可控，需要提供差异性的服务。确定性成为网络发展的关键技术，确定性网络成为未来经济和社会发展的重要基础。确定性网络是一种新型网络技术，可有效解决传统网络数据传输上的拥堵、时延、抖动等问题，为数据传输提供带宽、时延、抖动等质量可确定的服务，可以推动制造业（如智能工厂、设备检修）、物流业（如智慧仓库、无人包裹投递）、运输业（如智能港口、机场、交通）、医疗行业（如远程诊疗、手术）、农牧业（如智慧农场、智能产销、智能养殖）、服务业（如智能餐厅、服务定制、数字营销）等网络化、智能化升级。

IPv6+ 是面向 5G、云网 / 算网融合的智能 IP 技术，可构建确定性网络。随着互联网的飞速发展，IPv6 成为支撑万物互联、数字经济发展的关键基石。IPv6+ 基于 IPv6 进行大规模创新，比如 SRv6、网络切片、随流检测（IFIT）、新型多播（如 BIER）、服务功能链 / 业务链（SFC）、确定性网络（DetNet）和基于 IPv6 的应用感知网络（APN6）等网络技术创新，同时增加了智能识别与控制。IPv6+ 在确定性、安全性、广连接、低时延、智能化等方面提升了 IP 网络能力，其中在确定性方面，IPv6+ 综合利用网络切片、DetNet 等技术，能够为用户提供服务质量可预期的确定性网络。此外，确定性网络技术还包括灵活以太网

（FlexE）、时间敏感网络（TSN）、确定性 IP 网络（DIP）、确定性 Wi-Fi（DetWi-Fi）、5G 确定性网络（5GDN）等。其中，依托 DIP、DetNet、TSN、DetWi-Fi、5GDN，可构建人、物、应用的确定性连接；依托 DIP、FlexE、DetNet、TSN，可构建确定性的承载网；依托 DIP、DetNet，可构建确定性的骨干网与城域核心网络。

　　本书由中国联通权威专家团队编写，详细介绍 IPv6 基础知识及 IPv6+ 体系内容，涉及网络编程技术、SFC 技术、IFIT 技术、网络切片技术、新型多播技术、感知应用技术、算力路由技术等，可供通信行业技术人员参考，也可供中高等院校师生学习。

2024 年 11 月

前言
PREFACE

　　2021 年 3 月，工业和信息化部发布《2021 年工业和信息化标准工作要点》，明确将发展 IPv6＋及下一代互联网作为未来标准引领的重点方向。同年 11 月，工业和信息化部发布《"十四五"信息通信行业发展规划》，明确指出支持在金融、能源、交通、教育、政务等重点行业开展 IPv6＋创新技术试点及规模应用。2023 年 4 月，工业和信息化部等 8 部门共同印发《关于推进 IPv6 技术演进和应用创新发展的实施意见》，提出到 2025 年年底，IPv6 技术演进和应用创新取得显著成效，初步形成以 IPv6 演进技术为核心的产业生态体系；打造超过 1000 个支持"IPv6＋"技术能力的承载网络、企业 / 园区网络和数据中心；在每个重点行业打造 20 个以上应用标杆。

　　IPv6＋是基于 IPv6 的全面升级，是面向 5G 和云时代的 IP 网络创新体系。IPv6＋以 SRv6、网络切片技术、IFIT 技术、新型多播技术和感知应用技术等为代表，结合智能化的"自动驾驶网络（ADN）"创新技术，可以满足万物互联、千行百业上云带来的多云一网、智能联接、智能运营、智能运维等需求，实现真正的"网随云动、万物智联"。未来，IPv6＋将成为新的数字化、智能化基座，进而激活各个行业的新质生产力。

　　本书分为上、下两篇，上篇主要介绍 IPv6 基础知识，下篇介绍 IPv6＋技术体系内容。上篇在进行 IPv6 报文及相关协议讲解时，提供了相关协议定义的 RFC 编号；在进行 IPv6 方案讲解时，则注重相应方案的应用场景、创新性和可操作性。下篇讲解的技术方案均为近几年出现或具备应用条件的创新方案，能够开阔读者视野，带动广大科技工作者进一步在 IPv6 领域中进行创新探索。相较于网络上丰富而庞杂的信息素材，本书希望能够更加系统地体现 IPv6 学习思路、筛选和整合 IPv6 相关信息、提出 IPv6 以后可能会面临的新问题，同时为广大读者提供创新、可复制的 IPv6 应用方案部署经验。本书在创作过程中，得到了各级领导的大力支持，特别感谢中国工程院刘韵洁院士作序推荐，同时，编委会成员齐心协力、团结合作，共同完成本书的创作，在此一并感谢。

由于编者水平有限，书中难免有不妥之处，恳请读者批评指正。

编委会

2024 年 10 月

目录
CONTENTS

上　篇

下 篇

上　篇

上篇介绍 IPv6 的基础知识，涉及 IPv6 报文组成、各种路由协议对 IPv6 的支持和 IPv6 部署过渡方案等内容。

第 1 章

IPv6 诞生和发展

IPv6 诞生的时间远早于很多人的想象。1995 年，第一个 IPv6 标准文档发布。2012 年 6 月 6 日，国际互联网协会举行了世界 IPv6 启动纪念日。这一天，全球 IPv6 网络正式启动，并在近几年发展突飞猛进。

1.1　IPv4 阶段

1.1.1　OSI 参考模型

1984 年，国际标准化组织（ISO）提出了开放系统互连参考模型（OSI-RM）。OSI 参考模型分为 7 层，如表 1-1 所示。物理层、数据链路层、网络层属于低 3 层，负责创建网络通信连接的链路；传输层、会话层、表示层、应用层为高 4 层，具体负责端到端的数据通信。OSI 参考模型每层需完成特定的功能，每层都直接为其上层提供服务，并且每层互相支持。

表 1-1　OSI 参考模型

从上至下	数据格式	功能与连接方式	典型设备
应用层	—	网络服务与应用程序使用者之间的一个接口	—
表示层	—	数据表示、数据安全、数据压缩	—
会话层	—	建立、管理和终止会话	—
传输层	数据组织成数据段	用一个寻址机制来标识一个特定的应用程序（端口号）	网关、协议转换器
网络层	分割数据段和重新组合数据包	基于网络层地址进行不同网络系统间的路径选择	路由器

从上至下		数据格式	功能与连接方式	典型设备
数据链路层	逻辑链路控制（LLC）子层	将比特信息封装成数据帧	在物理层上建立、撤销、标识逻辑链接，实现链路复用，以及差错校验等功能。通过使用接收系统的硬件地址或物理地址来寻址	网桥、交换机、网卡
	介质访问控制（MAC）子层			
物理层		传输比特流	建立、维护和取消物理连接	光纤、同轴电缆、双绞线、中继器和集线器

在分层模型中，只有对等层才能相互通信。一方在某层上的协议是什么，另一方在同一层上也必须相同。另外，并不是所有通信都需要经过 OSI 参考模型的全部 7 层。物理接口之间的转接、中继器与中继器之间的连接，只需在物理层中进行即可；而路由器与路由器之间的连接则只需经过网络层、数据链路层、物理层这 3 层即可。如果两个网络的物理层相同，使用中继器就可以实现互联；如果两个网络的物理层不同，数据链路层相同，使用桥接器就可以实现互联；如果两个网络的物理层、数据链路层都不同，而网络层相同，使用路由器就可以实现互联；如果两个网络的协议完全不同，使用协议转换器或网关就可以实现互联。

1.1.2 TCP/IP 模型

OSI 参考模型比较复杂，不利于计算机软件的实现，已逐渐退出实际应用，而传输控制协议 / 互联网协议（TCP/IP）模型得到广泛应用。TCP/IP 是互联网的核心技术。TCP/IP 来源于协议族中的两个核心协议——TCP 和 IP。

1. TCP/IP模型的结构

TCP/IP 模型的结构也是一种分层结构。OSI 参考模型与 TCP/IP 模型的对应关系如图 1-1 所示。

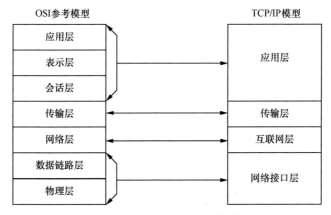

图 1-1　OSI 参考模型与 TCP/IP 模型的对应关系

　　TCP/IP 模型还存在 5 层定义方法，将 4 层模型中的网络接口层进一步细分为物理层和数据链路层，从而优化数据通信分析能力。TCP/IP 模型最核心的部分是上面 3 层，即应用层、传输层和互联网层。其中，针对互联网层以下的层次没有制定相关标准，因此最下面的是一层还是两层，这都不太重要，建议提到分层模型时按 4 层来分析，在进行数据通信时按 5 层来分析。

　　TCP/IP 是一个协议组，不仅包括 TCP、IP，还包括超文本传送协议（HTTP）、远程登录（TELNET）协议、文件传送协议（FTP）、路由信息协议（RIP）、开放最短路径优先（OSPF）协议、边界网关协议（BGP）、用户数据报协议（UDP）、地址解析协议（ARP）、邮局协议第 3 版（POPv3）等，各个层次分别对应不同协议。TCP/IP 分层协议如图 1-2 所示。

应用层	FTP、TELNET、HTTP			简单网络管理协议（SNMP）、简易文件传送协议（TFTP）、网络时间协议（NTP）
传输层	TCP			UDP
互联网层	IP、互联网控制消息协议（ICMP）			
网络接口层	以太网	令牌环网	IEEE 802.2	高级数据链路控制（HDLC）协议、点到点协议（PPP）等
			IEEE 802.3	EIA2321、TIA232、V35、V21

图 1-2　TCP/IP 分层协议

TCP/IP 模型各层的主要功能如下。

网络接口层：TCP/IP 并没有严格定义该层，仅要求其能够为其上层——互联网层提供对应的访问接口，以便在其上传递 IP 分组。由于该层未被严格定义，因此其具体的实现方法将随着网络类型的改变而改变。

互联网层：俗称 IP 层，处理机器之间的通信。IP 是不可靠的、无连接协议，它接收来自传输层的请求，传输某个具有目的地址信息的分组。该层把分组封装到 IP 数据报文中，填入 IP 数据报文的首部（报文头），基于路由算法选择直接把 IP 数据报文发送到目标机，或者把 IP 数据报文发送给路由器，然后把 IP 数据报文交给下面的网络接口层中对应的网络接口模块。

传输层：TCP 和 UDP 是该层的重要协议。TCP 是面向连接的、可靠的协议。将主机（如个人计算机、服务器、路由器、移动设备等）发出的字节流无差错地发往互联网上的其他主机处。在发送端，负责将上层传送下来的字节流分成报文段并传递给下层；在接收端，负责将接收到的报文重组后递交给上层。TCP 需要支持处理端到端的流量控制。UDP 是不可靠的、无连接协议，主要适用于不需要对报文进行排序和流量控制的场合。

应用层：负责管理应用程序之间的通信，是 TCP/IP 参考模型的最高层。收发电子邮件、传送文件、浏览网页、交互即时信息、播放网络视频等都属于应用层的范畴。

2. 数据封装

不同设备的对等层之间依靠封装和解封装来实现相互间的通信。在通信过程中，TCP/IP 参考模型的每一层都让数据得以通过网络进行传输，这些层彼此之间使用协议数据单元（PDU）来交换信息，确保网络设备之间能够通信。不同层的 PDU 包含不同的信息，因此 PDU 在不同层被赋予了不同的名称，如应用层的 PDU 被称为消息或报文（Message），它包含了将要发送的完整的数据信息。在图 1-3（5 层模型）中，传输层在由应用层传递的上层数据中加入 TCP 报文头后得到的 PDU 被称为报文段（Segment）或数据报（Datagram）；

传递给互联网网层后，添加 IP 报文头得到的 PDU 被称为 IP 数据包或 IP 分组
（IP Packet）；传递到数据链路层，封装数据链路层 LLC 报文头、MAC 报文头
和报文尾帧检验序列（FCS）得到的 PDU 被称为帧（Frame）；最后，帧被转
换为比特（Bit），通过网络介质传输。这种协议栈向下传递数据，并添加报文
头和报文尾的过程被称为封装。数据被封装并通过网络传输后，接收设备将删
除添加的信息，并根据报文头中的信息决定如何将数据沿协议栈传递给合适的
应用程序，这个过程被称为解封装。

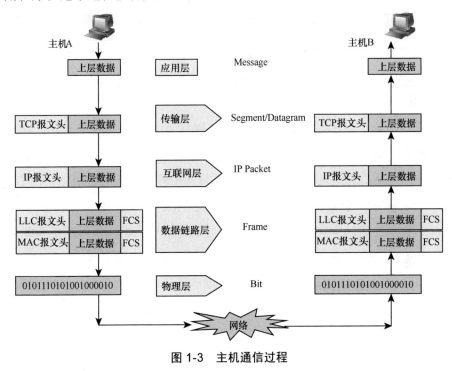

图 1-3　主机通信过程

1.1.3　IP 地址结构和分类

1. IP 地址

先看一个日常生活中的例子。假设济南北园大街上都是平房，住在济南北
园大街的住户想要能互相找到对方，必须各自都有一个门牌号，这个门牌号就

是各家的地址，门牌号的表示方法为"济南北园大街 + × × 号"。假如 1 号住户要找 6 号住户，它们互相访问的门牌号分别为济南北园大街 1 号和济南北园大街 6 号。在本例中有几个关键词：街道地址——济南北园大街；住户的门牌号——如 1 号、2 号等；住户的地址——"街道地址 + × × 号"，如济南北园大街 1 号、济南北园大街 2 号等。在互联网中，每个上网的计算机都有一个像上述例子中的住户地址，这个地址就是 IP 地址，是分配给网络设备的"门牌号"。IP 地址，也称作网际地址，就像计算机（或路由器）的身份证，也是它们在网络世界中的通行证。一般来说，互联网上的每个接口都必须有一个唯一的 IP 地址。路由器具有多个 IP 地址，其中每个端口都对应一个 IP 地址段。注意，每个端口对应的不是单一的 IP 地址，而是 IP 地址段，IP 地址段包括很多 IP 地址。

从概念上讲，每个 IP 地址都由两部分组成——网络地址和主机地址。网络地址相当于街道地址，主机地址相当于各住户的门牌号，IP 地址相当于住户的地址。网络地址也叫网络号，标识主机所连接的网络（或称为标识一个网段）；主机地址也叫主机号，标识该网络上某个特定的主机。

网络号在互联网中必须是唯一的，而主机号在相应的网络号所指明的网络中也必须是唯一的。用网线直接连接的计算机，或是通过集线器（HUB）、普通交换机间接相连的计算机必须处于同一网络中，它们之间才能够互通，也就是说它们的网络地址（网络号）必须相同，而且主机地址（主机号）必须不一样。

2. IPv4 地址

IPv4 地址长度为 32 位，通常写作 4 字节，字节之间用"."分隔，每字节均表示为 0 ~ 255 的十进制数（8 位无符号二进制数的最大值为 11111111，转换为十进制数为 255）。例如，IPv4 地址"10100110.01101111.00000010.01100100"的十进制表示法是"166.111.2.100"。

IPv4 地址根据网络号的最高位数的不同，可分为 A 类~ E 类共 5 类，其中 A 类、B 类、C 类是基本类型，如图 1-4 所示。

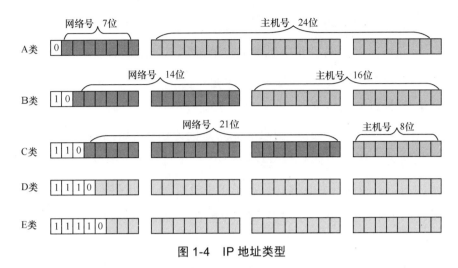

图 1-4　IP 地址类型

在同一个互联网上，A 类、B 类、C 类的 IP 地址必须是唯一的，另外 IP 地址还包括特殊 IP 地址，如表 1-2 所示。

表 1-2　特殊 IP 地址

网络号	主机号	地址类型	用途
不全为 "0"	全为 "0"	网络地址	代表一个网段
不全为 "1"	全为 "1"	广播地址	特定网段上的所有节点
127		环回地址	环回测试
全为 "0"		所有网络	代表网络上的所有主机
全为 "1"		广播地址	本网段上的所有节点

网络地址：网络号不全为 "0"、主机号全为 "0" 的 IP 地址被解释成 "本" 网络（网络自身）。

广播地址：主机号全为 "1" 的 IP 地址用于广播，叫作广播地址。所谓广播，是指同时向同一子网所有主机发送报文。

环回地址：A 类网络地址 127 是一个保留地址，用于网络软件测试及本机进程间通信，叫作环回地址，也叫回送地址。无论是什么应用程序，一旦使用环回地址发送数据，协议软件立即返回数据，而不进行任何网络传输。含网络号 127 的分组不能出现在任何网络上。

各类 IP 地址的网络号和主机号的位数确定了，也就确定了它们各自的网络总数及每个网络中的主机总数。

A 类 IP 地址的最高位为 "0"，其后 7 位是网络号，最后 24 位用作主机号。A 类 IP 地址允许有 $2^7-2=126$ 个网络，减 2 是因为 0 不可用，127 用于环回地址，因此可用网络号是 $1 \sim 126$。在每个网络中，主机数最多为 $2^{24}-2=16777214$，减 2 是因为主机号部分为 0 时，代表了该主机所在子网的网络号，主机号部分全部是 1 时用于广播地址，这两个值都不能在单个主机地址中使用。

B 类 IP 地址的最高位为 "10"，其后 14 位为网络号，最后 16 位用作主机号。B 类 IP 地址允许有 $2^{14}=16384$ 个网络（第一个可用网络号为 128.0，最后一个可用网络号为 191.255）。因为 B 类 IP 地址共有 16384 个网络，所以将它用于中等规模的网络，在每个网络中，主机数最多为 $2^{16}-2=65534$ 个。

C 类 IP 地址的最高位为 "110"，其后 21 位为网络号，最后 8 位用作主机号。C 类 IP 地址共有 $2^{21}=2097152$ 个网络（第一个可用网络号为 192.0.0，最后一个可用网络号为 223.255.255），它可用于小型网络，在每个网络中，主机数最多为 $2^8-2=254$ 个。

D 类 IP 地址为多播地址，它用一个地址代表一组主机。

E 类 IP 地址是实验性 IP 地址，保留供将来使用。

除去特殊 IP 地址，A 类、B 类、C 类 IP 地址的范围如表 1-3 所示。

表 1-3　常用 IP 地址范围

IP地址类型	网络数	每个网络可拥有的最多主机数	IP地址范围
A类	126	16777214	1.0.0.1～126.255.255.254
B类	16384	65534	128.0.0.1～128.0.255.254, ……, 191.255.255.254
C类	2097152	254	192.0.0.1～192.0.0.254, ……, 223.255.255.254

3. IPv4子网掩码

（1）IPv4 子网掩码简介

子网掩码的长度也是 32 位，并且是由一串 1 与之后跟随的一串 0 组成的，其中 1 表示 IP 地址中的网络号对应的位数，而 0 表示 IP 地址中的主机号对应的位数。

子网掩码有两种表示方法，一种是十进制，另一种是二进制 1 的总个数。比如子网掩码"255.255.255.240"也表示为"/28"，这是因为将它转化为二进制是"11111111 11111111 11111111 11110000"，总共有 28 个 1。比如"192.168.1.5/28"代表的 IP 地址是"192.168.1.5"，子网掩码是"/28"，即"255.255.255.240"。

子网掩码的作用如下。如果两台主机的 IP 地址和子网掩码的"与"结果相同，则这两台主机是在同一个子网中。比如，某校园网是一个 B 类网络，它被分成了几十个子网，其中计算中心子网由 4 个 C 类 IP 地址构成，IP 地址范围为 166.111.4.1 ～ 166.111.7.254，其子网掩码为 255.255.252.0。如果某服务器的 IP 地址为 166.111.4.100，那么它和主机 166.111.5.1 均处于计算中心子网中，而和主机 166.111.80.16 则不在同一个子网中。

子网掩码有两种，一种是标准子网掩码，一种是可变长子网掩码（VLSM）。

标准子网掩码是针对 A 类、B 类、C 类 IP 地址的，也是默认子网掩码，A 类 IP 地址（1 ～ 126）的默认子网掩码是 255.0.0.0，换算成二进制为 11111111.00000000.00000000.00000000。可以清楚地看出前 8 位是网络号，后 24 位是主机号，也就是说，如果用的是标准子网掩码，看第一段 IP 地址即可看出是不是在同一网络中的。如 21.0.0.1 和 21.240.230.1，第一段为 21，属于 A 类 IP 地址，如果使用的是默认子网掩码，那这两个地址就是在同一个网络中的。B 类 IP 地址（128 ～ 191）的默认子网掩码是 255.255.0.0。C 类 IP 地址（192 ～ 223）的默认子网掩码是 255.255.255.0。

（2）如何用子网掩码得到网络号 / 主机号 / 主机数

既然子网掩码这么重要，那么它是如何计算出 IP 地址中的网络号 / 主机号 / 主机数的呢？将 IP 地址与子网掩码转换成二进制形式，将二进制形式的 IP 地址与子网掩码进行"与"运算，将答案化为十进制形式便得到了网络号；将二进制形式的子网掩码取"反"，将取"反"后的子网掩码与 IP 地址进行"与"运算，将答案转化为十进制的形式便得到了主机号；主机数 $=2^{\text{主机号位数}}-2$。

（3）公共地址和私有地址

前文提到 IP 地址在互联网中必须是唯一的，看到这句话读者可能有这样的疑问——像 192.168.0.1 这样的 IP 地址在许多地方都能看到，并不唯一，这是为何？

根据用途和安全性级别的不同，IP 地址可以大致分为两类，即公共地址（公网地址）和私有地址（内网地址）。在 IP 地址中专门保留了 3 个区域作为私有地址，范围如下。

- 10.0.0.0/8：10.0.0.0 ～ 10.255.255.255。
- 172.16.0.0/12：172.16.0.0 ～ 172.31.255.255。
- 192.168.0.0/16：192.168.0.0 ～ 192.168.255.255。

公共地址在互联网中使用，可以在互联网中随意访问。使用私有地址的网络只能在内部进行通信，而不能与其他网络互联。私有地址可以通过网络地址转换（NAT）技术转换为公共地址。

（4）无类别域间路由

传统的路由寻址模式，是根据标准的 A 类、B 类、C 类 IP 地址等网络地址寻找目标网络和主机的。由于传统的路由寻址模式可以分类，所以其被称为有类别域间路由。无类别域间路由（CIDR）有时也被称为超网，它的基本思想是取消 IP 地址的分类结构，将多个地址块聚合在一起生成一个更大的网络，以包含更多的主机。CIDR 支持路由聚合，能够将路由表中的许多路由条目合并，路由条目数量更少，因此可以限制路由器中路由表的增大，减少通告的路由数。

如图 1-5 所示，在路由器 R1 的路由表中有 N 条路由条目，192.168.1.0/24 ～ 192.168.N.0/24，此时在路由器 R2 中也有 N 条路由条目与之对应。

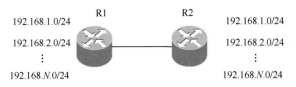

图 1-5　CIDR 聚合前路由器的路由条目

如果将路由器 R2 路由表中的 N 条路由条目，写成一个地址 192.168.0.0/16，仍然可以通信，同时又减少了路由器 R2 路由表空间，如图 1-6 所示。这里用到的概念是 CIDR 路由聚合。

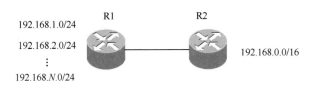

图 1-6　CIDR 聚合后路由器的路由条目

（5）VLSM

前面讲到，住在济南北园大街的 1 号住户和 6 号住户要想互相找到对方，必须知道对方的门牌号。在以前也许可以轻松找到对方，现在城市建设速度很快，大街上都是高楼大厦，济南北园大街 1 号可能已经不是单个住户的地址了，而是一幢高楼的地址了。此时，还得知道各自的楼号（小区号）。若要互相通信，此时街道地址不变，原住户号得细分为新的楼号和房间号，如济南北园大街 1 号变更为济南北园大街 1 号 1 号楼 × × × 室。

在实际应用中，IP 地址也可以细分，将一个网络分为多个子网。在分层时，不再把 IP 地址看成单纯由一个网络号和一个主机号组成的，而是把主机号再分成一个子网号和一个主机号，这是可变长度子网掩码（VLSM）的概念。A 类 IP 地址的第 1 段是网络号（前 8 位），B 类 IP 地址的前两段是网络号（前 16 位），C 类 IP 地址的前 3 段是网络号（前 24 位）。VLSM 的作用就是在 IP

地址的基础上，从它们的主机号部分借出相应的位数来作为网络号，也就是增加网络号的位数。各类网络可以再划分子网的位数如下，A 类有 24 位可以借，B 类有 16 位可以借，C 类有 8 位可以借（可以再划分子网的位数就是主机号的位数。实际上不可能都借出来，因为 IP 地址中必须有主机号的部分，而且主机号部分剩下一位是没有意义的，所以在实际应用中可以借的位数是在前面那些数字中减去 2，借的位作为子网部分）。

这是一种产生不同大小子网的网络分配机制，一个网络可以配置不同的掩码。开发 VLSM 的想法是在每个子网上保留足够的主机数的同时，把一个子网进一步分成多个小子网，此时有更强的灵活性。

有类网络只有一个 C 类 IP 地址 192.168.1.0，子网掩码未确定，可以为每个子网分配一个子网段。下面来看看图 1-7 所示的组网中共有多少个子网，每个子网又可以有多少个 IP 地址。

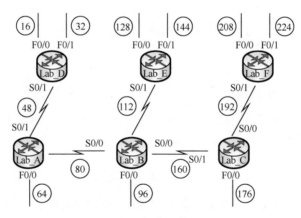

图 1-7　有类网络组网

路由器的每个端口都是一个子网，共享一条链路的两个端口算一个子网，可以看出共计 14 个子网。由于主机数和子网数都是 2 的幂，所以可以向主机号借 4 位，按 2^4=16 个子网进行划分。每个子网的 IP 地址数是 256/16=16 个（其实主机数需要减去 2，可用 IP 地址数为 14 个）。C 类 IP 地址标准掩码是 24 位，此时的子网掩码是 24+4=28 位，即 255.255.255.240。

（6）VLSM 和 CIDR 的区别

在使用 VLSM 划分子网时，将原来 IP 地址中的主机号位数按照需要划分出一部分作为网络号位数使用，也称向主机"借"几位来划分子网；而在使用 CIDR 聚合地址时，则是将原来 IP 地址中的网络号位数划分出一部分供主机号位数使用。CIDR 是把几个标准网络聚合成一个大的网络，VLSM 是把一个标准网络分成几个小型网络（子网）。

（7）划分子网的几个概念

① 所选择的子网掩码将会产生多少个子网？

2^x（ x 代表掩码位数，即二进制为 1 的部分）。

② 每个子网能有多少个主机？

2^y-2（ y 代表主机号位数，即二进制为 0 的部分）。

③ 有效子网号是什么？

有效子网号 =256– 十进制的子网掩码。

④ 每个子网的广播地址是什么？

广播地址 = 下个子网号 –1。

⑤ 每个子网的有效主机地址范围分别是什么？

忽略子网内全为 0 和全为 1 的 IP 地址，剩下的是有效主机地址，最后一个有效主机地址 = 下个子网号 –2（广播地址 –1）。

下面来看一个 C 类 IP 地址的具体实例。IP 地址为 192.168.10.0；子网掩码为 255.255.255.192（ /26 ）。

① C 类 IP 地址的标准子网掩码是 24 位，此时的子网掩码是 26 位，说明有 26–24=2 位用于划分子网，可以知道子网数 =2^2=4。

② 主机号位数 =32–26=6 位，所以主机数 =2^6–2=62。

③ 有效子网号。块大小（ block size ）=256–192=64；所以第 1 个子网为 192.168.10.0，第 2 个子网为 192.168.10.64，第 3 个子网为 192.168.10.128，第 4 个子网为 192.168.10.192。

④ 每个子网的广播地址 = 下个子网号 –1。所以 4 个子网的广播地址分别

是 192.168.10.63、192.168.10.127、192.168.10.191 和 192.168.10.255。

⑤ 有效主机地址范围。第 1 个子网的有效主机地址范围是 192.168. 10.1 ～ 192.168.10.62；第 2 个子网的有效主机地址范围是 192.168.10.65 ～ 192.168.10.126；第 3 个子网的有效主机地址范围是 192.168.10.129 ～ 192.168.10.190；第 4 个子网的有效主机地址范围是 192.168.10.193 ～ 192.168.10.254。

下面来看一个 B 类 IP 地址的具体实例。IP 地址为 172.16.0.0；子网掩码为 255.255.255.224/27。

① B 类 IP 地址的标准子网掩码是 16 位，此时的子网掩码为 27 位，说明用于划分子网的有 27–16=11 位，子网数 $=2^{11}=2048$。

② 主机号位数 =32–27=5 位，所以主机数 $=2^5–2=30$。

③ 有效子网号。block size=256–224=32；所以第 1 个子网为 172.16.0.0，第 2 个子网为 172.16.0.32，最后 1 个子网为 172.16.255.224。

④ 每个子网的广播地址 = 下个子网号 –1。所以第 1 个子网、第 2 个子网和最后 1 个子网的广播地址分别是 172.16.0.31、172.16.0.63 和 172.16.255.255。

⑤ 有效主机地址范围。第 1 个子网的有效主机地址范围是 172.16.0.1 ～ 172.16.0.30；第 2 个子网的有效主机地址范围是 172.16.0.33 ～ 172.16.0.62；最后 1 个子网的有效主机地址范围是 172.16.255.193 ～ 172.16.255.254。

1.2　IPv6 的诞生

前文已述，1995 年，第一个 IPv6 标准文档发布。而在 1994 年 4 月，中国刚实现了与国际互联网的全功能连接，从此开启互联网时代。在互联网刚刚兴起的 20 世纪 90 年代初，互联网工程任务组（IETF）意识到基于 TCP/IP 的互联网存在诸多问题，开始考虑下一代互联网演进的相关研究；1993 年，临时下一代互联网协议（IPng）建立并专门用于解决下一代互联网协议问题；1994—1995 年，选择 IPv6、IPv7、IPv8、IPv9 作为下一代互联网标准候选方案。其中，IPv7 代表的是 TP/IX 技术，IPv8 代表的是 PIP 方案，IPv9 代表的是以 TUBA(具有较长地址的 TCP 和 UDP)为标志的技术方案，最终具有 128 位固定地址长度的 IPv6 在此次竞争中胜出。

IPv6 是继 IPv4 之后的第一个成熟的 IP 标准，在 IPv4 和 IPv6 之间并不存在其他成熟 IP 标准。IPv5 是一个实验性的资源预留协议，目的是满足多媒体应用中的实时传送需求，提供服务质量(QoS)保障。IPv5 使用了与 IPv4 相同的寻址系统，也无法解决 IP 地址短缺问题，最终被融入 IPv4 系列协议中。

2017 年，IETF 发布过一个 IPv10 草案，或许可以称之为 IPv(6+4)。这个草案声称可以在 IP 数据报文头中纳入 IPv4 和 IPv6 地址，使这两种不同协议的主机进行通信，而无须进行协议转换，在通信过程中也不需要域名系统(DNS)地址解析。不过，这份草案在 6 个月之后就失效了，没有再更新。目前 IP 正式在用版本号只有 IPv4 和 IPv6 两个版本，其他版本字段都处于未分配或保留状态。

1.3　IPv6 的发展

1.3.1　IPv6 应用情况

首个 IPv6 RFC 标准文档是在 1995 年正式发布的，即 RFC 1883，该标准后来被 1998 年形成的 RFC 2460 取代，后来 RFC 2460 被 2017 年形成的 RFC 8200 取代。虽然 IPv6 的相关研究工作开展时间很早，但是在此后很长一段时间内，IPv6 投入应用的进展缓慢。

首个 IPv6 RFC 标准文档形成于 8 年后的 2003 年，IETF 发布了 IPv6 测试性网络(即 6Bone 网络)，该网络用于测试如何将 IPv4 向 IPv6 网络迁移。作为 IPv6 问题测试平台，6Bone 网络被设计成一个类似于全球性、层次化的 IPv6 网络。同实际互联网类似，它包括伪顶级转接提供商、伪次级转接提供商和伪站点级组织机构，采用 IPv6 试验地址 3FFE::/16 的前缀，为 IPv6 产品及网络测试和商用部署提供测试环境，可以进行协议实现、IPv4 向 IPv6 网络迁移等功能测试。截至 2009 年 6 月，6Bone 网络已经支持 39 个国家或地区的 260 个组织机构接入测试。

首个 IPv6 RFC 标准文档形成于 17 年后的 2012 年，国际互联网协会举行了世界 IPv6 启动纪念日，6 月 6 日这一天，全球 IPv6 网络正式启动。多家知名网站（如谷歌、雅虎等）于当天全球标准时间 0 点（北京时间 8 点整）正式开始永久性支持 IPv6 访问。2001 年后的主流计算机操作系统版本已基本支持 IPv6，如 2000 年发布的 Windows 2000 开始支持 IPv6，2001 年发布的 Windows XP 已进入 IPv6 产品完备阶段，2006 年发布的 Windows Vista 及以后的版本（如 2009 年发布的 Windows 7、2012 年发布的 Windows 8 等 Windows 操作系统）都已完全支持 IPv6。2003 年发布的 Mac OS X Panther 10.3、Linux 2.6 等同样支持 IPv6 成熟产品。但互联网网站对 IPv6 的支持时间要晚得多，2012 年 6 月 6 日的 IPv6 启动纪念日可以说是 IPv6 应用的第一个里程碑。

2023 年 12 月，全球 IPv6 论坛联合下一代互联网国家工程中心（CFIEC）发布的《2023 全球 IPv6 支持度白皮书》显示，在过去一年，全球 IPv6 部署率进一步提升，美洲地区和亚洲地区的 IPv6 部署率达到 42%，大洋洲地区和欧洲地区的 IPv6 部署率均超过 30%，全球 IPv6 部署率超过 40% 的国家数量同比增长 30%；全球 IPv6 用户数普遍提升，截至 2023 年 10 月，全球 IPv6 用户数排名前 5 位的国家依次是中国、印度、美国、巴西、日本；全球网站 IPv6 支持率进一步提升，2023 年全球排名前 10000 的网站 IPv6 支持率首次超过 50%；在软件方面，主机端常用的操作系统、邮件传输客户端、程序开发软件、数据库软件、媒体播放软件等基本都已支持 IPv6；国际主流的云服务和内容分发服务提供商都实现了对 IPv6 的支持，互联网服务的 IPv6 支持能力越发成为全球化的重要标准。

1.3.2　IPv6 应用进展分析

21 世纪第一个 10 年，IPv6 应用进展非常缓慢，而近年来却呈现迅猛的发展态势。

1. IPv6应用进展缓慢原因

IPv6 应用进展缓慢主要有以下几方面原因。

（1）需求紧迫感不强

IPv6 应用工作被提上议程最基本的驱动力来源于 IPv4 地址短缺。IPv4 网络发展速度出乎意料的快，很多专家都意识到 IPv4 地址会在短时间内耗尽，事实也是如此。2010 年 9 月 12 日，国外媒体报道，现有 IPv4 地址于 2011年 6 月分配完毕，即由互联网名称与数字地址分配机构（ICANN）掌管的互联网编号分配机构（IANA）将基于 IPv4 的最后 5 组 IP 地址分配给全球五大区域互联网注册机构（RIR），包括美国互联网编号注册机构（ARIN）、欧洲IP 资源网络协调中心（RIPE NCC）、亚太地区互联网信息中心（APNIC）、拉丁美洲及加勒比海地区互联网地址注册机构（LACNIC）及非洲互联网信息中心（AFRINIC）。在其他 RIR 已经宣告 IPv4 地址耗尽后，2019 年 11 月 25 日，RIPE NCC 对可用池最后剩余 IPv4 地址进行了最终分配，宣告全球 IPv4 地址正式耗尽。实际上，现网大量 IPv4 应用并未受到地址耗尽影响，原因在于 20世纪 90 年代广泛采用的私有地址、CIDR、NAT、动态主机配置协议（DHCP）等地址复用技术，这些技术极大地延缓了 IPv4 地址实际耗尽进度，也减少了迁移到 IPv6 上的需求量。在地址段逐级分配机制下，运营商仍然能够满足用户新增固定 IPv4 地址互联网专线需求。

（2）改造部署难度大，面临多重挑战

由于 IPv6 从设计上并不能直接兼容 IPv4，也无法从 IPv4 平滑演进，因此 IPv4 在全球范围内得到广泛应用的情况下，向 IPv6 迁移演进尤其困难，不仅改造投入大，改造方案也十分复杂。IPv6 的改造需要应对各种挑战，在IPv4 地址短缺问题没那么迫切需要解决的情况下，就更缺乏进行 IPv6 的改造动力了。

协议兼容性面临挑战。IPv6 和 IPv4 是功能相近的网络层协议，但是协议之间差异较大，两者并不能相互兼容或直接通信，在推进 IPv6 部署的过程中，无法一蹴而就地实现协议升级换代，势必经历漫长、复杂的中间过渡阶段。

端到端协议改造面临挑战。涉及 IPv6 应用的端到端整体链条（包括应用软件、客户端、网络设备、服务端）均需进行 IPv6 改造，通常改造后的基础设施需要同时支持 IPv4 及 IPv6，以满足不同场景的互联互通需求。

互联网安全防护面临挑战。随着对 IPv6 部署的推进，对 IPv6 的关注度及支持度必须同步提高，运营商、各行业需要对互联网安全防护体系进行安全升级。

行业生态链发展面临挑战。相较于 IPv4，IPv6 的服务能力、网络稳定性仍需要逐步提升；在推进 IPv6 应用部署过程中，需评估好各类网络基础设施的稳定性、性能及对外部配套资源的依赖度，保持适中的部署和发展节奏。

（3）未能解决关键问题

IPv6 一开始作为 IPng 的一个解决方案，业界曾希望这个方案能够面向未来、解决传统互联网三大缺陷（缺乏安全感与信任、服务质量无保证及管理能力不足）。但在 IPv6 诞生初期，只解决了地址数量扩充问题，并没有改变互联网原有的设计理念和网络体系架构，也没有很好地解决上述传统互联网三大缺陷。它所能够解决的核心问题与互联网所面临的关键问题之间存在偏差，难以为互联网发展和改善用户体验带来革命性影响。于是，IPv6 的地位从"下一代互联网协议"变成"下一个版本的互联网协议"。

2. IPv6 应用发展迅猛原因

近年来，IPv6 应用呈现完全迅猛的发展态势，主要原因如下。

（1）IPv6 应用是解决地址短缺问题的唯一选择

随着物联网的兴起和物联网连接数的快速增长，IPv4 地址空间还在加速减少，留给业界研究、开发和实验的时间非常有限。互联网需要继续前进，除了 IPv6，业界没有其他更好的选择。如果不接受 IPv6，地址短缺问题将会成为互联网发展所面临的核心问题。面对 IPv6 产业不可逆的发展趋势，全球厂商加快了产品的升级改造工作。

（2）IPv6 应用是应对日益严峻的安全问题的主要方向

IPv4 发展的大量地址复用技术，使全球互联网运行和发展环境恶化，使网络复杂性加速提升，导致业务创新、部署和运营成本不断攀升，同时也给溯源等安全问题带来新挑战，IPv6 应用成为解决这些问题的主要方向。

（3）基于 IPv6 的段路由（SRv6）等技术创新推动了 IPv6 发展

除地址空间有了极大的扩充外，IPv6 的基本报文头、扩展报文头方式相较于 IPv4 有了更灵活扩展的优势。业界一直在讨论各种对地址空间和报文头扩展的使用，近年来 SRv6 协议上的系列创新和技术解决方案，在灵活解决虚拟专用网（VPN）需求、保障服务质量、提高管理能力等方面，与传统方案相比有了较大程度的改进，提高了运营商、行业用户部署应用 IPv6 的动力。

（4）国家积极推进和支持

目前，欧美及亚洲地区的国家都已进入加快 IPv6 部署的实施阶段，通过发布政策文件明确 IPv6 部署的阶段性指标，非洲地区部分国家和组织也已经意识到了 IPv6 的重要性，并开始向 IPv6 过渡。

2017 年以来，我国积极主动推动 IPv6 产业成熟和部署应用。2017 年 11 月 26 日，中共中央办公厅、国务院办公厅印发《推进互联网协议第六版（IPv6）规模部署行动计划》，标志着我国开始大规模推广 IPv6 的部署和应用。接下来几年我国连续出台了多个文件，对 IPv6 的部署和应用提出了明确要求，并从政策上给予强力支持。2019 年 4 月 16 日，工业和信息化部发布《工业和信息化部关于开展 2019 年 IPv6 网络就绪专项行动的通知》。2020 年 3 月 23 日，工业和信息化部发布《工业和信息化部关于开展 2020 年 IPv6 端到端贯通能力提升专项行动的通知》。2021 年 7 月，中央网络安全和信息化委员会办公室等部门印发《关于加快推进互联网协议第六版（IPv6）规模部署和应用工作的通知》。2023 年 4 月，工业和信息化部等 8 部门联合印发《关于推进 IPv6 技术演进和应用创新发展的实施意见》。国家 IPv6 发展监测平台统计数据显示，截至 2023 年 2 月，国内移动网络 IPv6 流量占比达到 50.08%。这是 IPv6 流量首次超过 IPv4 流量的历史性突破，标志着我国推进 IPv6 规模部署及应用工作迎来了新的里程碑。

在 IPv4 时代，我国能够分配到的地址数量占比低、没有 DNS 根服务器。在 IPv6 时代，这一现状得到改变，各个国家重新站到同一起跑线上。IPv4 时代，全球共有 13 台 DNS 根服务器，其中，美国拥有包括主根服务器在内的 10 台 DNS 根服务器，另外 3 台分别在英国、瑞典和日本。虽然我国在 2008 年成为世界上互联网用户数量最多的国家，但至今没有 1 台 IPv4 DNS 根服务器。IPv6 时代则不同，全球有 3 台主根服务器分别部署在中国、美国和日本，22 台辅根服务器分别部署在 14 个国家，其中中国有 3 台。

随着我国对 IPv6 部署和应用的大力推进，IPv6 产业链发展迅猛，IPv6 用户数量迅速增加，IPv6 流量稳步上升。2018 年 11 月，国家下一代互联网产业技术创新战略联盟发布首份中国 IPv6 业务用户体验监测报告，报告显示 IPv6 覆盖用户数为 7017 万，IPv6 活跃用户数仅有 718 万，移动宽带 IPv6 普及率仅为 6.16%。而在不到 4 年后的 2022 年 8 月，我国 IPv6 互联网活跃用户数已高达 6.93 亿，移动网络 IPv6 流量占比更是突破 40%。按照《关于加快推进互联网协议第六版（IPv6）规模部署和应用工作的通知》中的工作目标，到 2025 年末，移动网络 IPv6 流量占比达到 70%，即移动网络 IPv4 流量占比低于 30%；城域网 IPv6 流量占比达到 20%，即移动网络 IPv4 流量占比低于 80%。如果按照这个目标进度，IPv4 仍然要和 IPv6 一起共存相当长的时间。

（5）运营商积极行动

运营商启用 IPv6 网络为未来 IPv6 用户数及流量的最大化铺平了道路，从整体来看，北美地区运营商对 IPv6 的总体支持情况较好，对移动网络 IPv6 的支持率要高于对固网宽带的支持率；欧洲地区部分国家的运营商对 IPv6 的支持情况较好；亚洲地区部分国家运营商对 IPv6 的支持度较高。在国家政策的强力推动下，我国各个运营商都在加速向 IPv6 单栈运行进行迁移。2021—2022 年，多家运营商省级分公司发出公告：不再为普通宽带用户提供公共 IPv4 地址服务，新增宽带用户均使用动态 IPv6 地址。在公有组网和服务方面，IPv4 还有几年存活时间（TTL），在私有组网和服务方面，或许 IPv4 还会存活更久。

第 2 章

IPv6 报文组成

与 IPv4 相比，IPv6 具备简化的报文头格式、充足的地址空间、层次化的地址结构、灵活的扩展报文头。

2.1 　IPv6 报文结构

IPv6 报文由 3 部分组成，即 IPv6 基本报文头、IPv6 扩展报文头及 IPv6 负载，其中 IPv6 基本报文头包含该报文的基本信息；IPv6 扩展报文头为可选报文头，可实现丰富的功能；IPv6 负载是该 IPv6 报文携带的上层数据；IPv6 扩展报文头与 IPv6 负载合称有效载荷。

2.1.1 　IPv6 报文头格式

IPv6 报文头格式遵循 2017 年发布的 RFC 8200，相关标准规范在 RFC 8200 中有详细描述。IPv6 报文头分为 IPv6 基本报文头和 IPv6 扩展报文头，基本报文头长度固定，共 40 字节。图 2-1 所示为 IPv6 报文头和 IPv4 报文头对比。

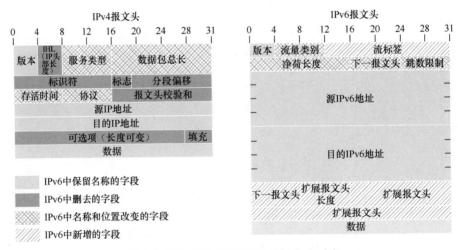

图 2-1　IPv6 报文头和 IPv4 报文头对比

将 IPv6 报文头与 IPv4 报文头进行对比，它们有以下相同点和不同点。

① IPv6 基本报文头保留了版本、流量类别（对应 IPv4 报文头的服务类型）、跳数限制（对应 IPv4 报文头的存活时间）、源 IPv6 地址（对应 IPv4 报文头的源 IP 地址）、目的 IPv6 地址（对应 IPv4 报文头的目的 IP 地址）、净荷长度（对应 IPv4 报文头的 IHL 和数据包总长）等字段。需要特别注意，IPv6 净荷长度字段包含 IPv6 扩展报文头在内。

② IPv6 基本报文头在源 IPv6 地址、目的 IPv6 地址之前定义了下一报文头字段，该字段包含 IPv4 字段能力，并进行了灵活扩展。

③ IPv6 基本报文头增加了流标签字段，删除了 IPv4 的报文头校验和字段。IPv6 不对报文头进行错误校验，而依赖二层封装的 FCS 或高层协议的定义对报文头进行校验。

④ IPv4 的标识符、标志、分段偏移字段（以上三者的组合应用于报文分片场景）及可选项（长度可变）字段的能力被移到了 IPv6 扩展报文头中。在 IPv6 基本报文头与 IPv6 扩展报文头之间，通过 IPv6 报文头中的下一报文头字段进行链接。

表 2-1 为 IPv6 报文头和 IPv4 报文头对比。

表 2-1　IPv6 报文头和 IPv4 报文头对比

场景	IPv6报文头	IPv4报文头
基本报文头保留字段（IPv6与IPv4相比基本不变，IPv6字段含义和功能、取值与长度根据实际情况可能有所变化）	版本，取值0110	版本，取值0100
	流量类别	服务类型
	跳数限制	存活时间
	源IPv6地址，长度为128位	源IP地址，长度为32位
	目的IPv6地址，长度为128位	目的IP地址，长度为32位
	净荷长度	IHL和数据包总长
基本报文头扩展字段（IPv6字段包含IPv4定义能力，但有较大程度的扩展变化）	下一报文头	协议

场景	IPv6报文头	IPv4报文头
基本报文头增加字段（IPv6独有定义字段）	流标签	无
基本报文头删除字段（IPv4独有定义字段）	无	报文头校验和
扩展报文头实现字段	基本报文头不定义，通过多种扩展报文头灵活实现	标识符、标志、分段偏移、可选项（长度可变）

IPv6 使用基本报文头 + 扩展报文头结构，有以下两个明显好处。

（1）中间节点转发效率高

IPv4 报文头长度不固定，包括可选项字段在内最多 60 字节，在数据转发过程中，沿途设备都需要去读取和识别可选项的内容，不需要中间节点处理的内容也要进行读取和识别，这导致中间节点转发效率低。而 IPv6 将所有不需要中间节点处理的字段功能都放入扩展报文头，沿途设备查看下一报文头字段，可以识别扩展报文头的作用，如果本身不需要中间节点处理，则只读取和识别基本报文头进行转发，中间节点转发效率较高。

（2）能力可扩展性强

IPv4 报文头的长度最多为 60 字节，各种功能字段定义已确定，不便于日后扩展。IPv6 基本报文头已确定，但扩展报文头除下一报文头的 8 位被限制了种类外，没有长度限制，只要是 8 位的倍数，理论上在最大传输单元（MTU）范围内都可以扩展。这为 IPv6 新功能的扩展带来很大的灵活性，后文介绍的 SRv6 技术及 IPv6 + 系列技术扩展便利用了这种扩展性。不过，IPv6 这种可扩展性导致报文头过长，在提高路由设备处理性能方面面临很大挑战。

2.1.2　IPv6 基本报文头

以下对 IPv6 基本报文头中的各字段进行说明。

1. 版本

版本字段用来表示 IP 版本，该字段长度为 4 位，对应值为 6（二进制表示为 0110）。在 IPv4 中，版本对应值为 4（二进制表示为 0100）。IPv6 报文头继续使用与 IPv4 定义一样的版本字段，有利于网络演进过程中的 IPv6 和 IPv4 双栈部署。

2. 流量类别

流量类别字段用来标识 IPv6 的流量类别，该字段长度为 8 位，对应 IPv4 中的服务类型字段。当前未进行定义更新，仍然使用 RFC 2474 和 RFC 3168 中对于区分服务码点（DSCP）和显式拥塞通知（ECN）的定义。

3. 流标签

流标签字段是 IPv6 报文头中的新增字段，该字段长度为 20 位，可用来标记报文的数据流类型，以便在网络层区分不同报文。最新定义可参考 RFC 6437。该字段可以满足中间节点在进行服务保障时需要读取传输层信息以确定五元组（源地址、目的地址、源端口、目的端口、协议）的需求。在源节点或边界节点将五元组信息映射进流标签字段后，中间节点只需读取 IP 报文头，即可保持同一业务流经过的路径，或者区分不同业务流，进行不同服务保障。

目前流标签字段在网络中基本未使用，主要面临以下两个问题。①端到端组网中不同域的信任问题和处理的一致性问题；②不同服务质量保障的标识、计费问题。在 IPv6+ 系列技术演进过程中，部分设备商提出在应用感知网络、随流检测（IFIT）等方案中重新定义和使用流标签，但目前尚未达成共识。

4. 净荷长度

净荷（载荷）长度字段以字节为单位，标识 IPv6 数据报文中的有效载荷部分，包括所有扩展报文头部分的总长度，即除 IPv6 基本报文头 40 字节外的其他部分总长度。该字段长度为 16 位，即有效载荷最长为 65535 字节，通常与 MTU、分段产生关联。在 IPv4 向 IPv6 迁移的过程中，上层协议需要适配 IPv6 报文头与 IPv4 报文头长度的不同，以计算最终载荷。TCP 在计算最大报文段长度（MSS）时，通常使用 MTU 减去 IP 报文头长度、再减去 TCP 报文头长度。对于 IPv4 报文，可能只需要减去 20 字节，对于 IPv6 报文，最少需要减去 40 字节。

5. 下一报文头

下一报文头字段相当于对 IPv4 报文头中协议字段的进一步扩展，用来标识当前报文头的下一个头部类型。该字段长度为 8 位，每种上层协议和扩展报文头都有其对应值。在 IPv6 数据包中，紧接着 IPv6 报文头的可能是上层协议头（当没有扩展报文头或者为最后一个扩展报文头时为上层协议头），也可能是 IPv6 扩展报文头。常见的下一报文头取值如表 2-2 所示。

表 2-2　下一报文头取值

值	描述
0	逐跳选项头（HBH）
6	TCP
17	VDIP
43	路由头（RH）
44	分段头
45	域间路由
46	资源预约
50	封装安全有效载荷头
51	认证头
58	第6版互联网控制报文协议（ICMPv6）
59	没有下一报文头
60	目的选项头（DOH）

6. 跳数限制

跳数限制字段与 IPv4 报文中的存活时间字段类似，指定了报文的有效转发次数，该字段长度为 8 位。报文发送时的初始跳数值为 255(8 位全部为 1)，每经过一个路由器节点、进入路由器接口后，跳数值就减 1；当此字段值减到 0 时，则直接丢弃该报文。

7. 源IPv6地址

源 IPv6 地址字段标识了该 IPv6 报文发送者的 IPv6 地址，该字段长度为 128 位。

8. 目的IPv6地址

目的 IPv6 地址字段标识了 IPv6 报文接收者的 IPv6 地址，该字段长度为 128 位。

2.1.3　IPv6 扩展报文头

IPv6 扩展报文头是跟在 IPv6 基本报文头后面的可选报文头，以 8 字节为长度单位。扩展报文头通常采用 TLV(类型、长度、值) 三元组进行定义，较为灵活。扩展报文头可以没有，也可以有多个。扩展报文头使用下一报文头进行链接，可以方便地定义新扩展报文头，添加到 IPv6 数据包中来增加新的可选功能。

1. IPv6扩展报文头类型

IPv6 扩展报文头长度可变，包含下一报文头字段、扩展报文头长度字段和扩展报文头的内容。IPv6 扩展报文头主要有以下几类。

（1）逐跳选项头

逐跳选项扩展报文头（简称"逐跳选项头"），转发路径中的每个节点都会对传送的信息进行检验处理，如路由器告警和超大有效载荷选项等。如前文所述，扩展报文头可以使用 TLV 三元组进行灵活定义，除了一些协议使用需求，在逐跳选项头中还可以定义很多扩展能力。由于逐跳选项头经过每个节点都需要进行检验处理，因此在定义和使用时需要谨慎。基于对安全信任、设备能耗等问题的考虑，并不提倡在逐跳选项头中定义过多扩展能力。目前在 IPv6＋系列技术中，采用逐跳选项头进行感知应用等能力的扩展是可选项之一，但由于存量设备支持能力不足等问题，尚未在标准层面达成共识。逐跳选项头示意如图 2-2 所示。

图 2-2　逐跳选项头示意

（2）目的选项头

目的选项扩展报文头（简称"目的选项头"），用于承载针对数据包目的地址的可选信息，它包含的信息只传递给指定中间节点或最后的目的节点，其他中间节点无须处理。目的选项头有两类，一类目的选项头是需要在指定中间节点处理包含的信息，另一类目的选项头（DOH2）是只需在最后的目的节点中处理包含的信息。这两类目的选项头在 IPv6 扩展报文头中的位置不同。在扩展报文头中，目的选项头是唯一可以多次出现的扩展报文头。

目的选项头也可以用于扩展网络能力，IFIT 方案可使用目的选项头实现端到端质量监测信息的承载。目的选项头示意如图 2-3 所示。

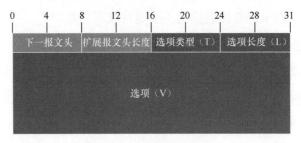

图 2-3　目的选项头示意

（3）路由头

路由扩展报文头（简称"路由头"），通过列出到达目的地路径的数据包所要经过的节点列表，来提供源路由选择的功能。SRv6 协议在转发层面是通过在路由头中新增一种段路由扩展报文头（SRH）类型来实现的，后续在 SRv6 相关技术方案中进一步进行说明。

图 2-4 是一个路由选择类型为 0 的路由头范例。每个扩展报文头的构成都相似，前 16 位包括 8 位的下一报文头（TLV 三元组中的类型）和 8 位的报文头长度（TLV 三元组中的长度）。前 16 位之后的内容则根据报文头的不同类型，有不同的呈现和取值（TLV 三元组中的值）。

下一报文头	扩展报文头长度	路由选择类型=0	剩余段数
保留			
地址[1]			
地址[2]			
地址[n]			

图 2-4　路由选择类型为 0 的路由头范例

（4）分段头

分段扩展报文头（简称"分段头"），用于标识数据报文的分段（分片）。其在源节点发送的报文超过传输链路的 MTU（源节点和目的节点之间传输路径的 MTU），需要对报文进行分段时使用。IPv6 规定只有源路由器能分片，只有目的路由器可以重组，中间转发节点不进行处理。为此，IPv6 支持 MTU path 功能进行路径最小的 MTU 探测，以确保报文分片不会大于路径最小的 MTU。与上面几个扩展头不同的是，分段头的长度固定为 16 字节，只有下一报文头字段，扩展报文头长度字段被保留。分段头示意如图 2-5 所示。

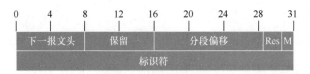

图 2-5　分段头示意

（5）认证头

认证扩展报文头（简称"认证头"）的类型值为 51，认证头由 IP 安全协议（IPSec）使用，为 IP 数据报提供信息源认证、数据完整性检查和防重放攻击保护，确保对 IPv6 基本报文头中一些字段的保护。认证头不提供机密性保护，如需机密性保护，需与封装安全有效载荷头共同使用。认证头的响应能力在 IPv4 和 IPv6 中是相同的，在 IPv4 中是可选支持，在 IPv6 中是必选支持。封装安全有效载荷头和其响应能力也是如此。认证头主要字段如图 2-6 所示。

下一报文头	有效载荷长度	保留
安全参数索引		
序列号		
鉴别数据（长度可变）		

图 2-6　认证头主要字段

下一报文头：长度为 8 位，标识认证头之后的下一报文头的类型。

有效载荷长度：这 8 位用于指示认证头除前 8 字节（64 位）外的整体长度。

保留：长度为 16 位，为未来扩充使用而保留。

安全参数索引：是一个任意的 32 位数值，它与目的 IPv6 地址、安全协议组合，是本数据包的安全关联（SA）的唯一标识。安全关联记录每条 IP 安全通路的策略和策略参数。安全关联是单向逻辑连接。两个对等体之间的双向通信，至少需要两个安全关联，同时使用认证头和封装安全有效载荷头需要 4 个安全关联。

序列号：是 32 位的无符号整数，包含一个单调增加的计数器值，用于防重放攻击。重放攻击是一种网络攻击方式，基本原理是把以前窃听到的数据原封不动地重新发送给接收方。接收方可以使用序列号字段来对抗重放攻击，为每个数据包标记序列号，如果新接收数据包的序列号与已接收到的数据包的序列号相同，接收者将丢弃该数据包。这通常意味着计数器重新开始循环计数，即如果已经接收到 2^{32} 个数据包，则必须协商新的安全联盟。

鉴别数据（长度可变）: 是一个包含数据包的完整性检查值的长度可变域，其长度必须是 32 位的整数倍。

认证头的实现可采用透明模式和隧道模式两种，在透明模式中，认证头保护原始 IP 数据报文净荷，也保护在逐跳转发中不变化的部分 IP 头，如图 2-7 所示。

图 2-7　透明模式

当采用隧道模式时，原始 IP 数据报整体被封装在全新的 IP 数据报中，该 IP 数据报再发送到安全网关（GW）。因此，整个原始 IP 数据报及在传送过程中不变的封装 IP 头都得到了保护，如图 2-8 所示。

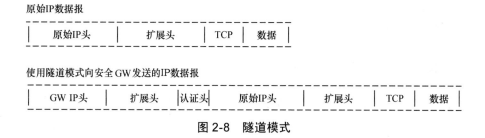

图 2-8　隧道模式

（6）封装安全有效载荷头

封装安全有效载荷头也用于 IPSec，提供报文验证、数据完整性检查和加密等功能，部分功能与认证头的功能存在重叠。如图 2-9 所示，封装安全有效载荷头的主要字段如下。

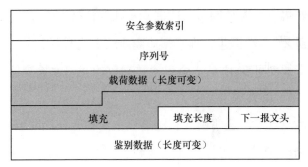

图 2-9　封装安全有效载荷头

安全参数索引：与认证头的安全参数索引定义相同。

序列号：与认证头的序列号定义相同。由安全参数索引和序列号一起构成了封装安全有效载荷头。

载荷数据：此字段长度可变，它实际上包含数据报的加密部分及加密算法需要的补充数据，如初始化数据。

填充：封装安全有效载荷头的加密部分（载荷数据）必须在正确的边界终止，因此经常需要填充。

填充长度：指明载荷数据所需要填充的数据量。

下一报文头：标识受保护数据的第一个协议头。例如，IPv6 中的扩展报文头或者上层协议标识符。填充、填充长度和下一报文头这 3 个字段构成封装安全有效载荷头的尾部。

鉴别数据：验证数据是长度可变字段，包含一个完整性检查值。

2. IPv6扩展报文头处理顺序

必须严格按照扩展报文头在数据包中出现的顺序对扩展报文头进行处理。如果设备节点处理一个扩展报文头后，继续处理下一个扩展报文头，但下一个扩展报文头取值不能被该设备节点识别，则该设备节点将丢弃该数据包，并向信源返回 ICMP 参数报文，说明不可识别值。

当一个数据包有多个扩展报文头时，处理顺序如下：IPv6 基本报文头、逐跳选项头、目的选项头（路由选择报文头中指定的中间路由器处理这个报文头）、路由头、分段头、认证头、封装安全有效载荷头、DOH2、上层协议报文头。

　　按照这个顺序，设备需要先读取、处理基本报文头，然后根据下一报文头的指示，读取、处理第一个扩展报文头，根据第一个扩展报文头中的下一报文头，再读取下一个扩展报文头。以此类推，直至需要本节点处理的所有扩展报文头都读取、处理完成。根据 IPv6 报文头链式连接结构，在读取、处理靠后位置的扩展报文头时，需要读取、处理在这之前的所有扩展报文头。如果一个功能被封装在靠后位置，在转发过程中，可能无法被所有经过的路由器处理。如此设计是在设备处理性能和灵活性之间的折中。

　　链式扩展报文头带来的灵活性优势显而易见，但同时也带来了新问题，一个问题是报文头长度的增加，导致设备读取、处理性能下降，另一个问题是增加扩展报文头类型较为困难。如果新增以上种类以外的扩展报文头，需要考虑新定义扩展报文头在整体扩展报文头中的排序，需要考虑新定义扩展报文头与现存扩展报文头是否存在能力重叠、冲突和安全问题。RFC 8200 明确规定，除非现有扩展报文头组合无法满足需求，否则不建议新定义扩展报文头类型。

　　IETF 设计 IPng 方案的初衷是希望 IPv6 能够助力业界解决传统互联网三大缺陷（缺乏安全感与信任、服务质量无保证、管理能力不足）。目前技术演进方向主要基于对 IPv6 扩展报文头的应用。从端到端网络连接来看，用户、电信运营商和互联网服务提供商等相关方各有各的诉求，要形成合力并不容易。

2.2　IPv6 地址结构

　　IPv6 地址格式、分类和应用由 2006 年发布的 RFC 4291 所规范，RFC 4291 替代了原有的 RFC 3513，RFC 3513 替代了 1998 年发布的 RFC 2373。很多涉及地址分类的资料比较混乱，各时期的资料内容不同，主要原因是 IPv6 地址空间中有很多地址尚未分配和定义，有很大的发展空间，同时也有很多不确定性。

　　RFC 4291 定义了 IPv6 的寻址结构，包括各种类型 IPv6（单播、任播和多播）地址的基本格式。所有类型的 IPv6 地址都分配给接口或接口组，不分配给节点。在很多协议中，需要对节点进行唯一定义时，经常会手工配置使用（或默认引用）节点上的某个特定接口（如本地环回接口）的 IP 地址，作为该节点的唯一标识。即使这样，也不等于为节点分配了 IP 地址，而是节点借用物理接口或虚拟接口的 IP 地址作为唯一标识。

2.2.1　IPv6 地址格式

IPv6 地址定义为接口或接口组的 128 位标识符，有 3 种文本表示方法，具体如下。

1. 一般格式

IPv6 地址优先选用的格式为 x:x:x:x:x:x:x:x，将 128 位地址分成 8 个字段，字段与字段之间使用“:”隔开。每个字段的长度为 16 位，每 4 位用一个 0 ~ F 的十六进制表示，则每个字段使用 4 个十六进制表示，如 ABCD:EF01:2345:0000:ABCD:EF01:2345:6789。如果每个字段开始的十六进制为 0，在书写时可以省略。但是要注意每个字段中至少要保留 1 个十六进制符号，同时要注意只能去除开始的 0，不能去除结尾的 0。例如上面的地址也可以写成 ABCD:EF01:2345:0:ABCD:EF01:2345:6789。

2. 压缩格式

特定类型的 IPv6 地址的字段中通常会包括全为 0 的十六进制字符串。为简化 IPv6 地址，可采用特殊句法压缩 IPv6 地址中 0 的个数，即在 IPv6 地址标准格式的基础上，用“::”表示 1 个或多个全为 0 的十六进制字符串。“::”也可以用于压缩地址中开始位置和结束位置的多个 0。但要特别注意，“::”在地址中仅可以出现一次。例如 2001:DB8:0:0:8:800:0:417 可以写成 2001:DB8::8:800:0:417 或 2001:DB8:0:0:8:800::417，但不能写成 2001:DB8::8:800::417。

3. 混合格式

在 IPv6 演进过程中，经常存在 IPv6 和 IPv4 双栈并用，即同时使用 IPv4 地址和 IPv6 地址的情况。早期 RFC 标准文档提出过 "IPv6 兼容地址"，即默认使用 0::/96 自动生成兼容 IPv4 的 IPv6 地址，后来相应规范被废止，相应地址格式被保留。当前推荐一种双栈部署情况下的替代地址格式，这种地址格式是 x:x:x:x:x:x:d.d.d.d。其中，地址的前 6 个字段用十六进制的 "x" 表示，共占用 96 位；"d" 用标准的 IPv4 地址表示，共占用 32 位。例如将地址写成 0:0:0:0:0:0:13.1.68.3，或者写成使用压缩格式的 ::13.1.68.3。

电信运营商在现网 IPv6 双栈部署工作中，很少使用这种混合格式的地址，原因是厂家设备支持按混合格式的地址配置，但在维护中并不能按混合格式呈现。使用 DISPLAY CU 命令呈现时，IPv6 地址会自动映射成十六进制。例如配置 2408:8122:6100:0000:0010:0000:10.24.89.31，最终呈现时会变成 2408:8122:6100:0:10:0:A18:591F，很难与设备的 IPv4 地址对应，不能达到便于日常维护的目的。在实际双栈部署工作中，通常直接用 /64 前缀进行 IPv4 地址嵌入，即把 IPv6 地址写成类似 x:x:x:x:x:10:24:89:31 的形式。

IPv6 地址长度较长，有不同的书写格式，在书写时容易出现错误，需要特别注意。以 60 位前缀 20010DB80000CD3（十六进制）为例，以下是合法表示。

2001:0DB8:0000:CD30:0000:0000:0000:0000/60

2001:0DB8::CD30:0:0:0:0/60

2001:0DB8:0:CD30::/60

而以下则不是上述前缀的合法表示。

2001:0DB8:0:CD3/60

2001:0DB8::CD30/60

2001:0DB8::CD3/60

2.2.2　IPv6 地址类型

IPv6 地址有单播地址、任播地址、多播地址 3 种地址类型。

1. 单播地址

单播地址是单一接口的标识符。发送到单播地址的分组被交付给由该地址标识的接口。使用场景与 IPv4 单播地址的使用场景类似。单播地址可以进一步划分为全局单播地址、链路本地地址、唯一本地地址、环回地址、未指定地址。在单播地址中曾经定义过站点本地地址，后被废止。

① 全局单播地址也被称为可聚合全局单播地址，是 IPv6 互联网全局范围内可路由、可达的 IPv6 地址，等同于 IPv4 的公有地址。规划的全局单播地址的前缀为 2000::/3，占据整个 IPv6 地址空间的 1/8。其各字段定义包括长度为 48 位的全球路由前缀、长度为 16 位的子网 ID 和长度为 64 位的接口 ID，全局单播地址如图 2-10 所示。

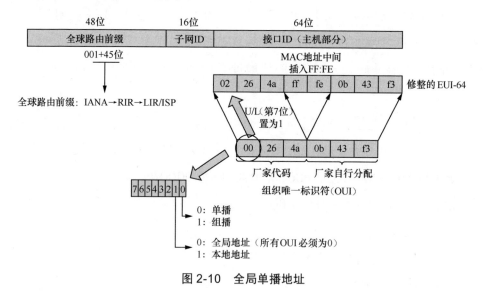

图 2-10　全局单播地址

子网 ID 和子网前缀有所区别，子网 ID 长度为 16 位，而子网前缀指的是图 2-10 中从最左侧到子网 ID 的部分，即全球路由前缀和子网 ID 两个字段，长度为 64 位。

　　子网 ID 用于子网划分，由网络管理员分配这部分地址。接口 ID 用于标识子网中的接口，在同一子网中不能重复。由于接口 ID 的长度始终为 64 位，因此 IPv6 子网默认为 /64 子网。

　　可以手工配置接口 ID，也可以由软件自动生成接口 ID，还可以根据 IEEE EUI-64 规范由 MAC 地址自动生成（相当于把 MAC 地址嵌入 IPv6 地址）。其中，IEEE EUI-64 规范自动生成接口地址，如图 2-11 所示，先从接口 MAC 地址的第 25 位开始，插入 FF:FE（16 位的二进制），再将生成的 64 位的二进制中的第 7 位取反。

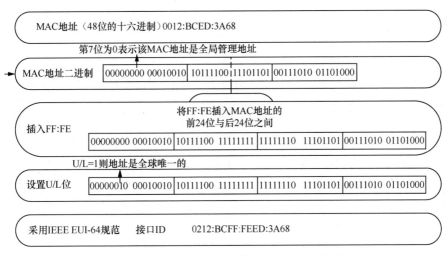

图 2-11　IEEE EUI-64 规范自动生成接口地址

　　使用 IEEE EUI-64 规范自动生成的接口地址可能存在安全风险，包括攻击者在进行主机标识符归类时，分析设备潜在行为或移动轨迹，通过 EUI-64 还原出 MAC 地址，分析出设备制造商和设备类型，利用漏洞进行针对性攻击等。2017 年 2 月，IETF 正式发布 RFC 8064，用 RFC 7217 取代 IEEE EUI-64 规范，提出不建议任何算法在 IPv6 地址生成中嵌入终端设备物理地址。

　　IPv6 全局单播地址分配具有层次化分配结构，类似 IPv4 地址分配。

IANA 定义了 2000::/3 这个地址块，往下细分，以 /12 为基本单位将细分的地址块分配给 RIR，再以 /32 为基本单位，将地址块分配给 LIR 和 ISP，再对地址块进行细分或指定给最终用户。RIR 可以接受最终用户的直接申请，但要求请求地址的子网掩码不长于 /48，确保 RIR 分配的地址都具有唯一的全球路由前缀。

目前已经实际进行分配的全局单播地址为 2000::/4，各区域分配情况如下。

2000::/8：主要由早期 IPv6 互联网分配，在全球各地均有分配使用。

2400::/8：主要由 APNIC 管理。

2600::/8：主要由 ARIN 管理。

2800::/8：主要由 LACNIC 管理。

2A00::/8：主要由 RIPE NCC 管理。

2C00::/8：主要由 AFRINIC 管理。

我国的 IPv6 地址段由 APNIC 分配，主要使用 2400::/8 中的地址和一小部分 2000::/8 中的地址。截至 2021 年 4 月 8 日，我国总共获得 IPv6 地址块数量为 59039/32，超过美国拥有的 57785/32，IPv6 地址拥有总量世界第一。截至 2022 年 6 月，我国 IPv6 地址块数量为 63079/32。

② 链路本地地址，仅用于与同一本地链路上的设备通信，需保证这些地址在链路上的唯一性，因为数据包不会被路由到该链路之外。也就是说，路由器不会转发任何以链路本地地址为源地址或目的地址的数据包。所有 IPv6 网络接口都配置链路本地地址，前缀为 FE80::/10，由于接口 ID 的固定长度为 64 位，实际上只使用了 FE80::/64 前缀，接口 ID 部分则使用 EUI-64。

③ 唯一本地地址，前缀为 FC00::/7，在 2005 年发布的 RFC 4193 中定义，是对 RFC 1918 中定义的 IPv4 私有地址段 10.0.0.0/8、172.16.0.0/12 和 192.168.0.0/16 的替换，仅供在一个站点或一组站点中本地使用。唯一本地地址具有全局唯一性，无法在全球互联网上路由。

④ 环回地址 ::1/128 与 IPv4 环回地址 127.0.0.1/8 的作用相同，该地址不

能分配给任何物理接口，主机可以利用此地址向自身发送 IPv6 数据包。

⑤ 未指定地址 ::/128 是全 0 地址，不能分配给任意接口。未指定地址仅可被用作源地址，不能用作目的地址，被用作源地址时表示接口无 IPv6 地址。

2. 任播地址

任播地址是分配给多个接口的一个地址，典型情况下这些接口属于不同节点。发送到任播地址的分组被交付给由该地址标识的多个接口中的一个，通常根据使用的路由协议度量，距离源节点最近的一个接口。在 IPv4 中未定义类似地址类型。

IPv6 没有为任播地址指定特殊前缀。IPv6 任播地址与全球单播地址在同一个地址范围内。每个参与接口均配置一个任播地址，在包含相同任播地址的接口区域中，每台主机必须在路由表中作为单独的路由条目发布。当发送方往某个任播地址发送多个报文时，由于路由表的不稳定性或请求过程中的变化，报文可能会到达不同目的地。如果存在一系列的请求和应答，或者数据包被分片，可能会产生问题。

RFC 3513 规范预先定义了子网路由器任播地址，适用于一个节点需要与子网中任意一个路由器进行通信的场景。

3. 多播地址

多播又称为组播，多播地址是一组接口的标识符，典型情况下这组接口属于不同节点。发送到多播地址的分组被交付给该地址标识的所有接口。多播地址只能作为目的地址，不应作为 IPv6 报文的源地址或出现在任何路由报文头中。其使用场景类似 IPv4 中的多播地址 224.0.0.0/4，但具体实现与 IPv4 中的多播地址有较大区别。

IPv6 使用前缀 FF00::/8 用于标识多播地址，IPv6 多播地址如图 2-12 所示。需要特别关注的是 flags 的最后 1 位和 scop。当 flags 的最后 1 位标识为 0 时代表常见多播地址，标识为 1 时代表临时多播地址；scop 则代表链接本地、站点、全局等多种多播范围。同一个多播组 ID 可以搭配不同范围值，在不同范围内使用。但有一些预先定义的多播地址，不允许这些多播组 ID 使用其他范围值。

图 2-12　IPv6 多播地址

多播地址范围如表 2-3 所示。

表 2-3　多播地址范围

二进制	十六进制	范围类型
0001	1	本地接口范围
0010	2	本地链路范围
0011	3	本地子网范围
0100	4	本地管理范围
0101	5	本地站点范围（类似于多播的私网地址）
1000	8	组织机构范围
1110	E	全球范围（类似于多播的公网地址）

RFC 4291 定义了一种特殊的多播地址，对于在节点或路由器接口上配置的每个单播地址和任播地址，都会自动生成一个对应的被请求节点的多播地址，这个地址只在本地链路上有效。在本地链路上，被请求节点的多播地址组通常只包含一个用户。只要知道一个接口的 IPv6 地址，就能计算出它对应的被请求节点的多播地址。此类多播地址生成方法为使用 FF02:0000:0000:0000:0000:0001:FFxx:xxxx/104 加上 IPv6 地址的最后 24 位。

在 IPv6 中没有使用 ARP，而是使用 ICMPv6 代替了 ARP 的功能。被请求节点的多播地址用来获得同一本地链路上的邻居节点的链路层地址，也用于重复地址检测（DAD）。DAD 是在接口使用某个 IPv6 单播地址之前进行的，主要是为了检测是否有其他的节点使用了该地址。所有 IPv6 单播地址，在节点使用之前，都要进行 DAD。节点在使用无状态自动配置进行本节点 IPv6 单播地址配置之前，先利用 DAD 检测该地址是否已在本地链路上使用。

2.2.3 IPv6 地址分配

1. IPv6地址配置方式

IPv6 地址有两种配置类型，即手工配置，自动配置。其中，自动配置可以分为两种配置方式，即有状态自动配置、无状态自动配置。自动配置主要涉及两种协议，即无状态地址自动配置（SLAAC）协议、支持 IPv6 的 DHCP（DHCPv6）。SLAAC 协议是一种无服务器的自动配置协议，不需要服务器对地址进行管理，主机直接根据路由器通告（ICMPv6 报文）与本机 MAC 地址结合计算出本机 IPv6 地址，其中，前缀和前缀长度通过路由器通告确定，接口 ID 通过 EUI-64 创建或随机生成。

DHCPv6 是一种运行在客户端和服务端之间的协议，由 DHCPv6 服务器管理地址池，主机用作客户端，从服务器请求并获取 IPv6 地址及其他信息（DNS 地址、网关地址等），实现地址自动配置。可见，SLAAC 可以自动分配 IP 地址，但是不能提供其他配置信息；而 DHCP 不仅可以自动分配 IP 地址，还可以提供其他配置信息。DHCPv6 有两种地址配置模式，即有状态配置模式和无状态配置模式。在有状态配置模式中，主机直接从 DHCPv6 服务器中获取全部地址信息及其他信息。在无状态配置模式中，主机从路由器通告中获取地址信息，从 DHCPv6 服务器获取其他信息；DHCPv6 服务器可以为具有 IPv6 地址 / 前缀的客户端分配其他信息。

2. IPv6地址分配规则

RFC 4291 要求所有接口至少有一个链路本地地址。单个接口也可以有多个任意类型（单播、任播和多播）或任意范围的 IPv6 地址。在组网中，将同一个节点的多个物理接口当作网络层上出现的一个接口，可以为多个物理接口分配一个单播地址或一组单播地址，有利于多个物理接口上的负载均衡。

对比 IPv6 地址和 IPv4 地址的分配和使用，总结如表 2-4 所示。

表 2-4　IPv6 地址和 IPv4 地址的分配和使用对比

类型	用途	IPv6地址	IPv4地址
单播地址	未指定地址	::/128	0.0.0.0/32
	环回地址	::1/128	127.0.0.1/8
	链路本地地址	前缀为FE80::/10	169.254.0.0/16
	全球单播地址	2000::/3	公网地址
单播地址	唯一本地地址	前缀为FC00::/7，其中：FC00::/8未定义 FD00::/8可使用	私有地址：10.0.0.0/8 172.16.0.0/12 192.168.0.0/16
	站点本地地址（已废止）	FEC0::/10	
	IPv4兼容地址（已废止）	::/96 如::192.168.0.1	
	IPv4映射地址	::FFFF:0:0/96 如::FFFF:192.168.0.1	
多播地址		前缀为FF00::/8	224.0.0.0/4
广播地址		未定义	网段最后一个地址，即主机标识段Host ID为全1的地址
任播地址		同单播地址	未定义

在 IPv4 中配置点对点链路地址时，通常使用 /30 网段。虽然在 /30 网段中有 4 个地址，但第一个地址是该网段的网络地址，最后一个地址是该网段的广播地址，都不能供设备使用，实际上只有 2 个可用地址。在 IPv6 中，不需要广播地址，每个网段的所有地址都可以供设备使用，针对上述同样的需求，可以直接使用 /31 网段进行配置。

IPv6 地址的长度高达 128 位，在表示方法上与 IPv4 地址有较大差别。在传统 IPv4 网络运营维护中，依赖于维护人员对网络情况和 IP 地址段的熟悉、掌握；到了 IPv6 网络运营时代，更多依赖于各类支撑系统，向软件定义网络（SDN）化、自动化发展方向转型。

运营商内部规范了 IPv6 地址的细分规则，针对面向用户的 IPv6 地址，按顺序定义业务接入类型标识符、省份标识符和区县编码。首先按照不同业务接入类型、不同省份，将 IPv6 地址拆分为 /32 的地址块；再依据工业和信息化部下发的 IPv6 区县编码表，加上 8 位区县编码，形成 /40 的地址块，分配到区县。工业和信息化部根据行政区划调整情况，勘正更新 IPv6 区县编码表，运营商参照相关规范对该表进行修订。理论上可以根据用户使用的 IPv6 地址，直接分析出用户使用的业务类型，以及接入所在省份、区县。

对于面向运营商内部网络的地址，一般先由集团按照网络类型、各省份进行划分，再从地市层面划分，按照地址用途，对网管环回地址、业务环回地址、接口互联地址和 SRv6 Locator 进行划分。所有 IPv6 接口都可以自动生成一个链路本地地址，理论上可以自动进行链路发现，不再单独分配接口互联地址。一般情况下，未配置接口互联地址并不影响内部网关协议（IGP）等协议的正常运作，但如果需要配置静态路由，不适合使用自动生成的链路本地地址。

在进行地址分配时，要为各层级设备 SRv6 Locator 预留地址段，并且与环回地址使用地址段分离。关于 SRv6 Locator 的分配和使用，在后文中会进行进一步的讲解。简单来说，就像节点借用 IP 地址作为唯一标识一样，SRv6 Locator 并不是严格意义上的 IPv6 地址，只是借用 IPv6 地址，利用 IP 相关协议进行传播。SRv6 Locator 不用于表征节点 3 层路由可达能力，而用于表征节点服务能力，可扩展空间非常大。

第 3 章

IPv6 路由协议

为了实现数据的转发，路由器、路由表和路由协议是必不可少的。路由协议用于发现路由，生成路由表；路由表中保存了路由协议发现的各种路由；路由器用来选择路由，实现数据转发。根据作用的范围，路由协议可分为 IGP、外部网关协议（EGP）。其中，IGP 在同一个自治系统内运行，常用 IGP 包括路由信息协议（RIP）、开放最短路径优先（OSPF）协议和中间系统到中间系统（IS-IS）协议；EGP 运行于不同自治系统之间，边界网关协议（BGP）是目前最常用的 EGP。IPv6 相关协议主要包括 ICMPv6 及邻居发现协议（NDP）、OSPFv3、IS-ISv6 和 BGP4+。

3.1　ICMPv6

在 IPv4 中，ICMP 向源节点报告在向目的地传输 IP 数据包过程中出现的错误和其他重要信息，它定义了一些用于诊断信息的消息，如目的不可达、数据包过长、超时、回应请求和回应应答等。

ICMPv6 是 IPv6 的基础协议之一，由 2006 年发布的 RFC 4443 定义，RFC 同时废止了 RFC 2463 和 RFC 2780。在 IPv6 中，ICMPv6 除提供 ICMP 的常用功能外，还提供其他一些功能的基础能力，如邻居发现、无状态地址配置（包括 DAD）、路径最大传输单元（PMTU）等。

ICMPv6 在 IPv6 报文中的协议类型号为 58，即在 IPv6 报文头中，如果下一报文头字段的值为 58，则表示这个 IPv6 报文头后封装了一个 ICMP 消息。ICMPv6 报文格式如图 3-1 所示。

图 3-1　ICMPv6 报文格式

其中 ICMPv6 报文头共 4 字节（32 位），分为 3 个字段，各字段定义如下。

① Type(类型)，长度为 8 位，表示消息类型，如果取值为 0 ～ 127，则表示差错消息，包括目的不可达、数据包过长、超时、参数错误；如果取值为 128 ～ 255，则表示信息消息，包括回应请求、回应应答。

② Code(代码)，长度为 8 位，表明消息细分类型，如表 3-1 所示，如果类型为 1，代码为 3，则将目的不可达进一步细分为地址不可达。

表 3-1　类型、代码字段定义

消息类型	类型	名称	代码
差错消息	1	目的不可达	0：无路由
			1：因管理原因禁止访问
			2：未指定
			3：地址不可达
			4：端口不可达
	2	数据包过长	0
	3	超时	0：跳数到0
			1：分片重组超时
	4	参数错误	0：错误的报文头字段
			1：无法识别的下一报文头类型
			2：无法识别的IPv6选项
信息消息	128	回应请求	0
	129	回应应答	0

③ Checksum(校验和)，长度为 16 位，表示 ICMPv6 报文的校验和，校验部分包括 IPv6 伪首部和 ICMPv6 报文，IPv6 伪首部包括 4 个字段，即源地址、目的地址、载荷长度和下一报文头。

3.2　NDP

2007 年发布的 RFC 4861 定义了 NDP，NDP 是 IPv6 的关键协议，它取

代了 IPv4 中的 ARP 及 ICMP 的部分控制功能（路由器发现、重定向等），提供了前缀发现、邻居不可达检测、DAD、地址自动配置等功能。

3.2.1　NDP 报文

NDP 使用 ICMPv6 报文进行交互，在 ICMPv6 中定义了 5 种消息报文类型，用于 NDP 交互，如表 3-2 所示。

表 3-2　NDP 使用的 ICMPv6 消息报文类型

ICMPv6类型	消息报文名称
Type=133	路由器请求（RS）消息报文
Type=134	路由器通告（RA）消息报文
Type=135	邻居请求（NS）消息报文
Type=136	邻居通告（NA）消息报文
Type=137	重定向消息报文

1. RS消息报文

主机启动后，通过 RS 消息报文向路由器发出请求，用以查找本地链路上存在的路由器，相应路由器以 RA 消息报文响应。Options(选项) 中目前只定义了源 MAC 地址，如果源 MAC 地址未指定，则不能包含该项。RS 消息报文字段如图 3-2 所示。

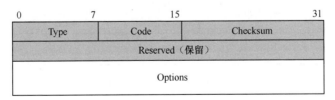

图 3-2　RS 消息报文字段

2. RA消息报文

由路由器周期性发送 RA 消息报文或实时响应主机需求，向邻居节点通告自身的存在。RA 消息报文字段如图 3-3 所示。

M 标识，长度为 1 位，默认值为 0。该标识指示主机该使用何种自动配置方式来获取 IPv6 单播地址。当 M 标识被设置为 1 时，接收到该 RA 消息报文的主机将使用有状态配置模式来获取 IPv6 地址。

O 标识，长度为 1 位，默认值为 0。该标识指示主机使用何种方式来配置除 IPv6 地址外的其他信息。当 O 标识被设置为 1 时，接收到该 RA 消息报文的主机将使用有状态配置模式来获取除 IPv6 地址以外的其他配置信息。

当 M=0，O=0 时，为 SLAAC 模式，应用于没有 DHCPv6 服务器的环境。主机使用 RA 消息报文中的 IPv6 前缀构造 IPv6 单播地址，同时通过手工配置等方法设置其他配置信息。当 M=1，O=1 时，为有状态配置模式，主机使用 DHCPv6 来配置 IPv6 单播地址及其他配置信息。当 M=0，O=1 时，为无状态配置模式，主机使用 RA 消息报文中的 IPv6 前缀构造 IPv6 地址，同时使用 DHCPv6 来获取除地址之外的其他配置信息。当 M=1，O=0 时，主机仅使用 DHCPv6 来获取 IPv6 地址，至于其他配置信息，则并不通过 DHCPv6 获得。

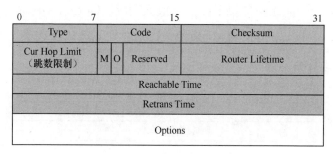

图 3-3　RA 消息报文字段

Router Lifetime 为通告主机其作为默认路由器的时间，以秒为单位。Reachable Time 为通告邻居可达时间，以毫秒为单位。Retrans Time 为通告重传 NS 消息报文的时间间隔，以毫秒为单位。Options 字段长度可变，包含源 MAC 地址、MTU、前缀等信息。

3. NS消息报文

用于请求地址解析。IPv6 节点通过 NS 消息报文可以得到邻居的链路层地址，可以进行邻居不可达检测、地址冲突检测。Target Address 是需要解析的 IPv6 地址，Options 携带源 MAC 地址。NS 消息报文字段如图 3-4 所示。

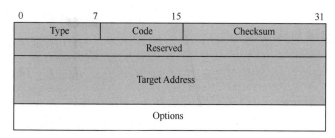

图 3-4　NS 消息报文字段

4. NA消息报文

用于回应地址解析请求。NA 消息报文是 IPv6 节点对 NS 消息报文的响应，IPv6 节点在链路层变化时，也可以主动发送 NA 消息报文。NA 消息报文字段如图 3-5 所示。

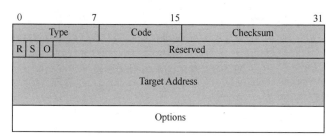

图 3-5　NA 消息报文字段

R 标识，长度为 1 位，表示发送者是否为路由器。如果 R=1，则表示发送者是路由器。

S 标识，长度为 1 位，表示发送邻居通告是否为响应某个邻居请求。如果 S=1，则表示是；如果 S=0，则表示设备重启后主动发送邻居通告，作用类似于免费 ARP。

O 标识，长度为 1 位，表示邻居通告中的消息是否可覆盖已有的条目信息。如果 O=1，则表示可以覆盖；如果 O=0，则表示不可覆盖。

Target Address 表示所携带的链路层地址对应的 IPv6 地址。Options 携带源 MAC 地址。

5. 重定向消息报文

当路由器接收到一个报文时，若发现同网段有更好的下一跳，则向报文发送者发送重定向报文，让报文发送者选择更好的路径。Target Address 表示更好的下一跳地址，Destination Address（目的地址）表示需要重定向转发的报文的目的地址。重定向消息报文字段如图 3-6 所示。

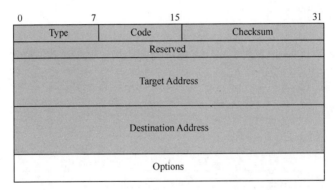

图 3-6　重定向消息报文字段

3.2.2　NDP 应用

NDP 可实现丰富的功能，包括无状态自动配置、路由器发现、前缀发现、参数发现、DAD、地址解析、邻居不可达检测、路由器重定向。以下以地址解析功能为例，分析 NDP 的应用，可以看到 IPv6 在无须广播的情况下，通过多播实现地址解析的方法。

① 首先根据目标的 IPv6 单播地址，自动生成请求节点多播地址。地

址生成规则是将 IPv6 单播地址的最后 24 位取出，与 FF02::1:FF 组合成为一个 IPv6 请求节点多播地址，如图 3-7 所示。具体生成示例如图 3-8 所示。

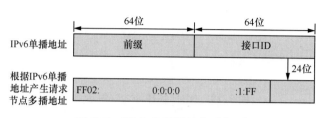

图 3-7　NDP 多播地址生成规则

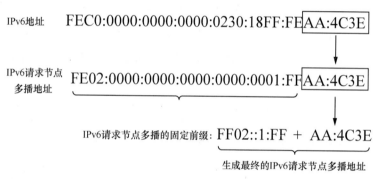

图 3-8　NDP 多播地址生成示例

② 将 IPv6 请求节点多播地址映射成数据链路层的 MAC 地址。NDP 多播地址映射规则如图 3-9 所示，映射规则为将 IPv6 多播地址的后 32 位取出，填充到固定前缀是 3333 的 MAC 地址中，生成数据链路层 MAC 地址。

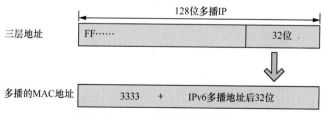

图 3-9　NDP 多播地址映射规则

NDP 多播地址映射示例如图 3-10 所示。

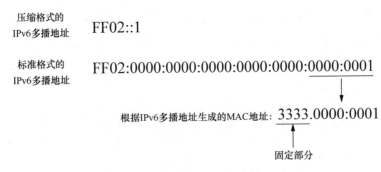

图 3-10　NDP 多播地址映射示例

③ 具备 IPv6 请求节点多播地址和请求节点 MAC 地址后，设备可以发出数据包，并根据对端回应，更新相应的 IPv6 地址和 MAC 地址。

在 IPv6 地址解析过程中，设备之间使用唯一的 IPv6 多播地址进行交互，并不像 IPv4 那样使用网络层广播地址（255.255.255.255）和链路层广播地址（FFFF.FFFF.FFFF）进行交互，同一局域网中的其他设备也无须处理相应请求，这明显提高了地址解析效率。IPv6 并未使用 ARP，也未对 ARP 进行扩展和更新，而是在 NDP 中进行功能定义，并通过 ICMPv6 报文交互去实现。

除了地址解析，ICMPv6 还可用于 PMTU 探测。IPv6 报文不在转发过程中分片，仅在源节点进行分片，在目的节点进行组装，因此需要在报文发出前进行 PMTU 探测。PMTU 探测使用 ICMPv6 Type=2 报文进行单向探测，针对不同目的地址，可能得到不同的 PMTU 探测结果。PMTU 最小值为 1280 字节，最大值则由路径经过的链路决定。

3.3　OSPFv3

OSPF 是 IETF 组织开发的基于链路状态算法的内部网关协议，针对 IPv4 使用 OSPFv2，针对 IPv6 使用 OSPFv3。

3.3.1　链路状态协议

为便于理解，先介绍一个童话，这个童话适用于链路状态协议——IS-IS

协议和 OSPF 协议。

首先将整个网络［单一自治系统（AS）］看作一个王国，这个王国可以分成几个区域（Area），现在来看看区域内的某个人（路由器），假设是你自己，是怎样得到一张到各个地点的线路图（路由表）的。

首先，你得跟你周围的人（同一网段，如 129.102）建立基本联系，你大叫一声："我在这！"（发 Hello 报文）。周围的人便知道了你的存在，他们也会大叫回应。由此，你知道周围有哪些人，你与他们之间便建立了邻接关系，当然，他们之间也建立了邻接关系。

在你们这一群人中，最有威望（优先级最高）的人会被推荐为首领（指定路由器）。首领会与你建立单线联系，而不许你与其他邻居有过多交往，他会说："那样做的话，街上太挤了"。你只好通过首领来知道更多的消息。首先，你们互通消息，你告诉首领你现在知道的地名，他告诉你他知道的所有地名，如果你发现他的地名表中有你的地名表中缺少的地名或需要更新的地名，你会向他要一份更详细的资料。如果他发现你的地名表中有他需要的东西，他也会向你索取新资料［链路状态请求（LSR）报文］。你们毫不犹豫地将一份详细资料［链路状态更新（LSU）报文］发送给对方，收到地名表后，你们互相致谢表示收到了［链路状态通告（LSA）报文］。

现在，你已经尽你所能得到了一份王国地图［链路状态数据库（LSDB）］，根据地图你把到所有目的地最近的路线（最短路径）标记出来，并画出一张完整的路线图（路由表），以后只要查这张路线图，就可以知道到达某个目的地最近的一条路。王国地图也要收好，万一路线图上的某条路不通了，还可以通过王国地图去查找一条新路。

其实跟你有联系的，只是周围一群人，外面的消息你都是通过首领知道的，因此你的王国地图与首领的地图一致。现在假设你是首领，你要去画一份王国地图。

你命令所有手下向你通报消息，你可以知道这一群人的任何一点小动静（事件），你还会有属于不同两群人的手下（同一区域内两个网段），他会告诉你另一群人的地图，当然也会把你们这一群人的地图泄露，这样，整个地区的地图你便都得到了。

通过不停地交换地图，现在，整个区域的人都有同样的地图了。住在区域边境上的人义不容辞地把这个区域的地图（精确到每一群人）发送到别的区域，同时也把其他区域的信息发送过来。首领把这些住在区域边境上的人命名为骨干（骨干区域）。通过骨干的不懈努力，现在，对于整个国家的地图，你都一清二楚了。

有些人（自治系统边界路由器）知道一些"出国"（自治系统外部路由）的路，他们会把这些秘密公之于众［引入（Import）］。通过信息的传递，现在，你已经有一张完整的"世界地图"了。

链路状态协议是这样标记最短路径的，对于某个目的地，首先考虑本区域内部是否有到目的地的路线（区域内），如果有，则将一条离你最近的路线（花费最小）记录进路线图中；如果没有，你只好通过在别的区域（区域间）中寻找路线，只要在地图上找离你最近的路线就可以了。

链路状态协议就是这样，给你一份链路状态信息，你自己画一张"王国地图"，并且在上面标记到各个目的地的最短路径。

3.3.2 OSPFv2 概述

OSPF 由 IETF 开发，它的使用不受任何厂商限制，所有人都可以使用 OSPF，所以称为开放的。而最短路径优先（SPF）是 OSPF 的核心思想。OSPF 用于在单一自治系统内决策路由，是一个基于链路状态算法的内部网关协议。

1. OSPF的特点

（1）适应范围广

OSPF 支持各种规模的网络，可支持几百台路由器。

（2）携带子网掩码

由于 OSPF 在描述路由时携带网段的掩码信息，所以 OSPF 不受自然掩码的限制，为 VLSM 提供很好的支持。

（3）支持快速收敛

如果网络的拓扑结构发生变化，OSPF 将立即发送更新报文，使这一变化在自治系统中同步。

（4）无自环

由于 OSPF 用最短路径树（SPT）算法收集链路状态并计算路由，从算法本身保证了不会生成自环路由。

（5）支持区域划分

OSPF 允许将自治系统的网络划分成各区域来管理，各区域间传送的路由信息被进一步抽象，从而减少了网络带宽的占用。

（6）支持路由分级

OSPF 使用 4 类不同的路由，依据优先级顺序排序，分别是区域内路由、区域间路由、第一类外部路由、第二类外部路由。

（7）支持等值路由

OSPF 支持到同一目的地址的多条等值路由，即到达同一个目的地有多条等值下一跳路由，这些等值路由会被同时发现和使用。

（8）支持验证

OSPF 支持基于接口的报文验证，以保证路由计算的安全性。

（9）多播发送

OSPF 在有多播发送能力的链路层上，以多播地址发送协议报文，既达到了广播的作用，又减少了对其他网络设备的干扰。

2. Router ID

每一台 OSPF 路由器必须有一个唯一标识——Router ID，相当于人的身份证。每一台 OSPF 路由器只能有一个 Router ID，且在网络中不能重名，将 Router ID 定义为一个 4 字节（32 位）的整数，通常使用 IP 地址的形式来表示，确定 Router ID 的方法如下。

① 手工指定 Router ID。现网应用中一般将其配置为该路由器的本地环回地址的 IP 地址。由于 IP 地址是唯一的，所以这样就很容易保证 Router ID 的唯一性。例如路由器 A 的本地环回地址为 10.11.101.1，则 Router ID 一般也配置为 10.11.101.1。

② 选择路由器上活动的环回接口中 IP 地址最大的接口，也就是数字最大的，如 C 类 IP 地址优先级高于 B 类 IP 地址，一个非活动的环回接口的 IP 地址是不能作为 Router ID 的。如果没有活动的环回接口，则选择活动物理接口中 IP 地址最大的接口，使用其 IP 地址作为 Router ID。这种方法较少使用。

如果一台路由器接收到一条链路状态，无法到达该 Router ID 的位置，也就无法到达链路状态中的目标网络。Router ID 只在 OSPF 启动时计算，或者在重启 OSPF 进程后计算。

3. OSPF的分层

对于规模巨大的网络，OSPF 通常将网络划分成多个 OSPF 区域（Area），并只要求路由器与处于同一区域内的路由器交换链路状态，而在区域边界路由器（ABR）上交换区域内的链路状态汇总，这样可以减少传播的信息量，且使最短路径计算强度降低。在进行区域划分时，必须有一个骨干区域，其他常规区域与骨干区必须要有物理或者逻辑连接。所有的常规区域均应该直接和骨干区域相连，常规区域只能和骨干区域交换 LSA，常规区域与常规区域之间即使直连也无法互换 LSA。

区域的命名可以采用整数数字，如 1、2、3、4，也可以采用 IP 地址的形式，如 0.0.0.1、0.0.0.2，区域 0（或者可以表示为 0.0.0.0）就是骨干区域。

区域划分示意如图 3-11 所示，Area1、Area2、Area3、Area4 只能和 Area0 互换 LSA，然后再由 Area0 转发，Area0 就像一

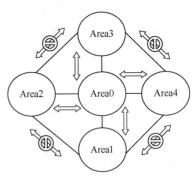

图 3-11　区域划分示意

个中转站，如果两个常规区域需要交换 LSA，只能先将 LSA 发给 Area0，再由 Area0 转发，而常规区域与常规区域之间无法互相转发 LSA。

当有物理连接时，必须有一台路由器，它的一个接口在骨干区域内，而另一个接口在常规区域内。当常规区域与骨干区域不进行物理连接时，必须定义一个逻辑或虚拟链路，虚拟链路由两个端点和一个传输区域来定义，其中一个端点是路由器接口，是骨干区域的一部分，另一端点也是一个路由器接口，但在与骨干区域没有物理连接的常规区域中。传输区域是一个介于骨干区域与常规区域之间的区域。

在 OSPF 中，一台路由器的多个接口可以归属多个不同的区域。常规区域可以进一步细分为多种类型，包括非末梢区域和末梢区域，末梢区域又分为完全末梢区域和非纯末梢区域，其中完全末梢区域对应 IS-IS 中的 L1 区域。

从图 3-12 可以看到，如果一台 OSPF 路由器属于单个区域，即该路由器的所有接口都属于同一个区域，那么这台路由器被称为内部路由器（IR）；如果一台 OSPF 路由器属于多个区域，即该路由器的接口不都属于同一个区域，那么这台路由器被称为 ABR，ABR 可以将一个区域的 LSA 汇总后转发至另一个区域；如果一台 OSPF 路由器将外部路由协议重分布进 OSPF 中，那么这台路由器被称为自治系统边界路由器（ASBR），但如果只是将 OSPF 重分布进其他路由协议，则不能称为 ASBR。

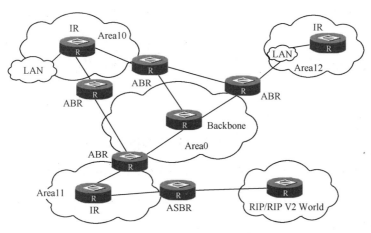

图 3-12　OSPF 网络中的各种角色

由于 OSPF 有着多种区域，所以 OSPF 的路由在路由表中也以多种形式存在，共分为以下几种形式。

① 如果是同一区域内的路由，叫作 Intra-Area Route，在路由表中用 O 来表示。

② 如果是不同区域的路由，叫作 Inter-Area Route 或 Summary Route，在路由表中用 O IA 来表示。

③ 如果并非 OSPF 的路由，或者是不同 OSPF 进程的路由，只是被重分布进 OSPF 中，叫作 External Route，在路由表中用 O E2 或 O E1 来表示。

当存在多种路由到达同一目的地时，OSPF 将根据以下先后顺序来选择要使用的路由。

Intra-Area Route—Inter-Area Route—External Route 1—External Route 2，即 O—O IA—O E1—O E2。

4. OSPF的工作原理

OSPF 的工作原理可以分成 3 步，建立邻接关系、链路状态信息泛洪和计算路径。

（1）建立邻接关系

通过互相发送 Hello 报文，验证参数后建立邻接关系。主要的参数包括区域 ID、接口 IP 地址网段、发送 Hello 报文的时间间隔、路由器失效时间、认证信息等，OSPF 要求邻居之间发送 Hello 报文的时间间隔、路由器失效时间相同。

（2）链路状态信息泛洪

OSPF 链路状态信息泛洪指通过 IP 报文多播对各种 LSA 进行泛洪。OSPF 中的 LSA 就是 OSPF 接口上的描述信息，描述接口上的 IP 地址、子网掩码、网络类型、Cost 值等。OSPF 报文如 LSA 报文是封装在 IP 数据包里的，OSPF 的协议号是 89。

OSPF 路由器会将自己所有的链路状态毫不保留地全部发给邻居，邻居将接收到的链路状态全部放入 LSDB，邻居再将链路状态发给自己的所有邻居，并且在传递过程中，不进行更改。通过这样的过程，最终网络中所有的 OSPF 路由器都会拥有网络中的全部链路状态，并且所有路由器的链路状态应该能描绘出相同的网络拓扑。

举个例子。比如现在要计算一段北京地铁的线路图，如果不直接将该图给别人看（图好比路由表），现在只是报给别人各个站的信息（该信息好比链路状态），通过告诉别人各个站的上一站是什么、下一站是什么，别人也能通过该信息（链路状态），画出完整的线路图（路由表）。

① 五道口站（下一站是知春路站，上一站是上地站）

② 知春路站（下一站是大钟寺站，上一站是五道口站）

③ 大钟寺站（下一站是西直门站，上一站是知春路站）

④ 西直门站（上一站是大钟寺站）

还原线路图的过程如下。根据大钟寺站、西直门站两站信息，计算得出线路为知春路—大钟寺—西直门；再根据五道口站、知春路站两站信息，计算这部分线路为上地—五道口—知春路；通过以上各部分的线路，很轻松地就画出该段地铁线路图为上地—五道口—知春路—大钟寺—西直门。

从以上计算过程可以知道，得到各站的信息，就能画出整条线路图，而 OSPF 也同样可以根据路由器各接口的信息（链路状态），计算出网络拓扑。OSPF 之间交换链路状态，就像上面交换各地铁站信息，OSPF 的智能算法与距离矢量协议相比，对网络有更精确的认知。

（3）计算路径

OSPF 基于迪克斯特拉（Dijkstra）算法进行最小生成树计算。要关注的是在 OSPF 中对于接口度量值（Cost 值）的定义，OSPF 的度量值为 16 位整数，接口度量值为 1 ~ 1024，路径度量值的取值范围为 1 ~ 65535，该值越小越好。在默认情况下，OSPF 使用以下公式对接口度量值自动进行计算。

接口度量值 $=10^{8}/$ 接口速率（接口速率以 bit/s 为单位）

也就是说，快速以太网（FE）接口的度量值为 1，由于度量值只能为整数，因此千兆以太网接口等更高速率的接口的度量值也只能为 1。

如果路由器要经过两个接口才能到达目标网络，两个接口的开销值要累加，在累加开销值时，只计算出接口的开销值，不计算进接口的开销值，累加和为到达目标网络的度量值。到达目标网络如果有多条开销相同的路径，可以实现负载均衡，OSPF 最多允许 6 条链路同时实现负载均衡。

OSPF 可以按照上述方式自动计算接口上的开销值，也可以手工指定该接口的开销值，手工指定方式优先级高于自动计算方式。由于网络流量规划的需要，在实际部署中一般使用手工指定方式。

3.3.3 OSPFv3 与 OSPFv2 间的异同

2008 年发布的 RFC 5340 定义了 OSPFv3。OSPFv3 和 OSPFv2 的基本原理相同，但 OSPFv3 是一个独立的路由协议，它参考 IS-IS 协议，对 OSPFv2 进行了很多改进。OSPFv3 是基于 IPv6 的 OSPF，基于 IPv6 新特性进行了相应的改变。OSPFv3 和 OSPFv2 有诸多不同之处。

① 地址信息的携带。OSPFv3 仅在更新报文的 LSA 中携带地址信息。

② 协议的运行机制。OSPFv3 运行在 IPv6 上，IPv6 基于链路，不基于网段。在配置 OSPFv3 时，不需要考虑是否配置在同一网段上，只要在同一链路上，就可以直接建立联系。

③ IP 地址的意义。OSPFv3 移除了 IP 地址的意义，是为了使"网络拓扑与地址分离"。OSPFv3 可以不依赖 IPv6 全局地址计算出 OSPFv3 的网络拓扑结构。IPv6 全局地址仅用于 Vlink 接口及报文的转发。

④ 报文及 LSA 格式。OSPFv3 报文及 LSA 格式发生改变，OSPFv3 报文不包含 IP 地址。OSPFv3 的路由 LSA(Router LSA) 和网络 LSA(Network LSA) 不包含 IP 地址。IP 地址部分由新增的两类 LSA 宣告。这两类 LSA，一类是链路 LSA(Link LSA)，一类是区域内前缀 LSA(Intra Area Prefix LSA)。OSPFv3 的 Router ID、Area ID 和 LSA Link State ID 不再表示 IP

地址，但仍保留 IPv4 地址格式。在广播网络、非广播多路访问（NBMA）网络及点到多点（P2MP）网络中，邻居不再由 IP 地址标识，而是由 Router ID 标识。

⑤ LSA 的泛洪范围。OSPFv3 在 LSA 报文头的 LSA Type 中添加了 LSA 的泛洪范围，这使得 OSPFv3 设备更加灵活，可以处理类型无法识别的 LSA。OSPFv3 可存储或泛洪无法识别的报文，而 OSPFv2 只简单丢弃无法识别的报文。OSPFv3 允许泛洪 U 位置为 1 的未知 LSA，OSPFv3 中 LSA 的泛洪范围由该 LSA 自己指定。

⑥ 多进程。OSPFv3 支持同一条链路上的多个进程。一个 OSPFv2 物理接口只能和一个多实例绑定。一个 OSPFv3 物理接口，可以和多个多实例绑定，用不同的实例 ID（Instance ID）区分。运行在同一条物理链路上的多个 OSPFv3 实例，分别与链路对端设备建立邻接关系、发送报文，互不干扰，可以充分共享同一条链路上的资源。

⑦ 链路本地地址。IPv6 使用链路本地地址在同一条链路上发现邻居及自动配置等。运行 IPv6 的设备不转发目的地址是链路本地地址的 IPv6 报文，此类报文只在同一条链路上有效。链路本地单播地址从 FE80/10 开始。OSPFv3 是运行在 IPv6 上的路由协议，同样使用链路本地地址来维持邻接关系、同步 LSA 数据库。除 Vlink 接口外的所有 OSPFv3 接口都使用链路本地地址作为源地址及下一跳地址，来发送 OSPFv3 报文。这样做的好处有两点，一是不需要配置 IPv6 全局地址，就可以得到 OSPFv3 网络拓扑，实现"网络拓扑与地址分离"；二是在链路上泛洪的报文不会传到其他链路上，可以减少不必要的报文泛洪，从而节省带宽。

⑧ 新增 LSA。新增的 Link LSA 用于设备宣告各个链路上对应的链路本地地址及其所配置的 IPv6 全局地址，仅在链路内泛洪。新增的 Intra Area Prefix LSA 用于向其他设备宣告本设备或本网络（广播网络及 NBMA 网络）的 IPv6 全局地址信息，在区域内泛洪。

⑨ 邻居标识。OSPFv3 通过 Router ID 来标识邻居，而 OSPF 在广播网络、

NBMA 网络及 P2MP 网络中，通过 IPv4 接口地址来标识。

OSPFv3 和 OSPFv2 的对比如表 3-3 所示。

表 3-3　OSPFv3 和 OSPFv2 的对比

协议对比	OSPFv2	OSPFv3	异同说明
唯一标识	使用类似于IPv4地址段的长度为32位的Router ID、Area ID和LSA Link State ID	使用类似于IPv4地址段的长度为32位的Router ID、Area ID和LSA Link State ID	相同
接口类型	接口具有P2P、BMA、NBMA、P2MP 4种网络类型	接口具有P2P、BMA、NBMA、P2MP 4种网络类型	相同
邻接关系建立	基于接口网段建立OSPF邻接关系	基于链路建立OSPF邻接关系	不同
状态机	使用从初始（Init）到Full的邻居状态机	使用从Init到Full的邻居状态机	相同
邻居报文	使用DD报文、Hello报文、LSR报文、LSAck报文、LSU报文5种报文完成整个邻接关系的建立	使用DD报文、Hello报文、LSR报文、LSAck报文、LSU报文5种报文完成整个邻接关系的建立	相同
多实例	不支持单链路多实例	支持单链路多实例	不同
封装报文	封装在IPv4报文中	封装在IPv6报文中	不同
报文洪泛	借助三层多播实现协议报文洪泛	借助三层多播实现协议报文洪泛	相同
报文源地址	使用接口IP地址作为协议报文源地址	使用链路本地地址作为协议报文源地址	不同
LSA类型	定义了7类LSA	在7类LSA的基础上新定义Link LSA和Intra Area Prefix LSA，一共有9类LSA	不同
LSA扩展性	不支持未知类型LSA在末梢区域中洪泛	支持某些未知类型LSA在末梢区域中洪泛	不同
网络拓扑形成	各路由器独立基于LSDB形成网络拓扑	各路由器独立基于LSDB形成网络拓扑	相同
路由计算	使用SPF算法进行路由计算	使用SPF算法进行路由计算	相同
认证	依靠OSFP报文认证字段实现认证	依靠IPv6扩展报文头实现认证	不同

3.3.4　OSPFv3 报文头格式

OSPFv3 报文头格式如图 3-13 所示。

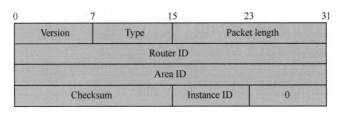

图 3-13　OSPFv3 报文头格式

OSPFv3 报文头的各字段定义如下。

① Version：版本，长度为 8 位，取值为 3，代表 OSPFv3。

② Type：报文类型，长度为 8 位，如果取值为 1，则代表 Hello 报文；如果取值为 2，则代表 DD 报文；如果取值为 3，则代表 LSR 报文；如果取值为 4，则代表 LSU 报文；如果取值为 5，则代表 LSAck 报文。

③ Packet length：OSPFv3 报文的总长度，包括报文头在内，长度为 16 位。

④ Router ID：发送该报文的路由器标识，长度为 32 位。

⑤ Area ID：发送该报文的设备所属区域的区域标识符，长度为 32 位。

⑥ Checksum：包括 IPv6 伪首部的 OSPF 报文校验和，长度为 16 位。

⑦ Instance ID：实例 ID，长度为 8 位。

3.3.5　OSPFv3 报文格式

和 OSPFv2 一样，OSPFv3 也定义了 5 种格式的报文——Hello 报文、DD 报文、LSR 报文、LSU 报文、LSAck 报文；其中 LSR 报文和 LSAck 报文的发送保持不变，Hello 报文、DD 报文和 LSU 报文的发送有所不同。

1. Hello报文

Hello 报文用于建立 OSPFv3 邻接关系，周期性地在使能 OSPFv3 的接口上发送。Hello 报文格式如图 3-14 所示。

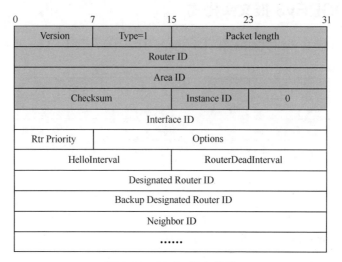

图 3-14　Hello 报文格式

① Interface ID：长度为 32 位，发送 Hello 报文的接口 ID，在路由器上唯一标识接口。

② Rtr Priority：长度为 8 位，路由器优先级。

③ HelloInterval：长度为 16 位，发送 Hello 报文的时间间隔。

④ RouterDeadInterval：长度为 16 位，失效时间，如果在此时间内未接收到邻居发来的 Hello 报文，则认为邻居失效。

⑤ Designated Router ID：长度为 32 位，指定路由器（DR）的接口地址。

⑥ Backup Designated Router ID：长度为 32 位，备用指定路由器（BDR）的接口地址。

⑦ Neighbor ID：长度为 32 位，邻居的 Router ID。

⑧ Options：长度为 24 位，当 V6 位为 0 时，表示该路由器或链路不参加路由计算；当 E 位为 0 时，表示此区域不传播 AS External LSA；MC 位，表示是否支持多播；N 位，与 Type-7 LSA 处理相关；当 R 位为 0 时，表明产生此条 LSA 的路由器状态为 down（表示不参与路由计算）；DC 位，与环回相关。具体位置如图 3-15 所示。

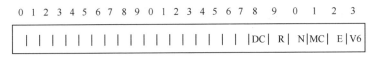

图 3-15　具体位置

其余字段定义同前。

2. DD 报文

两台设备在彼此间的邻接关系初始化时，用 DD 报文描述本端设备的 LSDB，进行数据库的同步。DD 报文格式如图 3-16 所示。

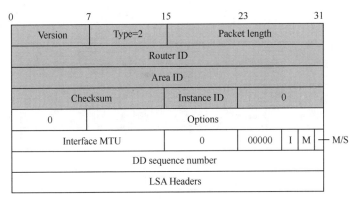

图 3-16　DD 报文格式

① Options：长度为 24 位，与 Hello 报文中的 Options 相同。

② Interface MTU：长度为 16 位，本地接口的 MTU 值，即在不分片的情况下，此接口最大可发出的 IP 报文长度。

③ I(Initial)：初始位，当连续发送多个 DD 报文时，如果这是第一个 DD 报文，则将 I 置为 1，否则将 I 置为 0。

④ M(More)：当连续发送多个 DD 报文时，如果这是最后一个 DD 报文，则将 M 置为 0，否则将 M 置为 1，表示后面还有其他 DD 报文。

⑤ M/S(Master/Slave)：主 / 从位，当两台 OSPFv3 设备交换 DD 报文时，首先需要确定双方的主从关系，Router ID 较大的一方会成为 Master。当取值为 1 时，表示发送方为 Master。

⑥ DD sequence number：DD 报文序列号。主从双方利用报文序列号来保证 DD 报文传输的可靠性和完整性。

⑦ LSA Headers：该 DD 报文所包含的 LSA 的头部信息。

其余字段定义同前。

3. LSR报文

LSR 报文用于请求所需的 LSA，在两台设备互相交换过 DD 报文之后，需要向对方发送 LSR 报文以请求更新 LSA。LSR 报文格式如图 3-17 所示。

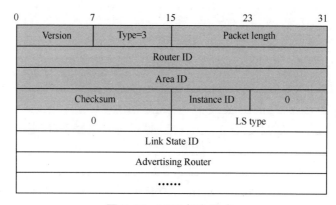

图 3-17　LSR 报文格式

① LS type：长度为 16 位，LS 类型，共有 9 种类型。

② Link State ID：LSA 的标识，与 LS type 一起描述路由域中唯一的 LSA。

③ Advertising Router：通告路由器，此路由器的 ID 为产生此 LSA 的设备的 Router ID。

其余字段定义同前。

4. LSU报文

LSU 报文用来向对端设备发送其所需要的 LSA 或者泛洪本端更新的 LSA，内容是多条 LSA（全部内容）的集合。LSU 报文格式如图 3-18 所示。

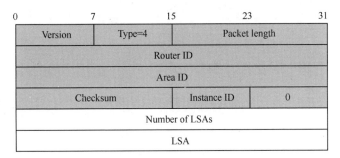

图 3-18　LSU 报文格式

Number of LSAs：LSU 报文包含的 LSA 数量。

其余字段定义同前。

5. LSAck报文

LSAck 报文用来对接收到的 LSU 报文进行确认，内容是需要确认 LSA 的 Header(一个 LSAck 报文可对多个 LSA 的 Header 进行确认)。LSAck 报文格式如图 3-19 所示。

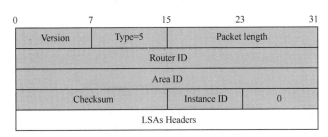

图 3-19　LSAck 报文格式

LSAs Headers：多个 LSA 的头部，通过 LSA 的头部信息确认收到这些 LSA。

其余字段定义同前。

LSA 报文填充具体 LSA 信息，一条 LSA 由 LS age、Link State ID、Advertising Router 这 3 个字段的组合唯一确定。所有的 LSA 都有相同的报文头，LSA 报文头格式如图 3-20 所示。

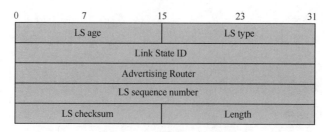

图 3-20　LSA 报文头格式

① LS age：长度为 16 位，后 15 位用来表示 age，即 LSA 产生后所经过的时间，单位是秒。在 LSA 刚产生时，age 数值为 0。随着 LSA 在网络中传输，老化时间逐渐累加。当 LSA 存储到路由器的 LSDB 中后，LSA 的老化时间也在递增。最高位有特殊含义，如果取值为 1，则代表该 LSA 不会周期性更新，永不老化，以维持 LSA 的有效性；如果最高位取值为 0，则代表该 LSA 会周期性更新，正常老化，LSA 的最大老化时间为 3600 秒。

② LS type：LSA 的类型，长度为 16 位，有 9 种类型，其中第 6 种类型、第 7 种类型不属于基本类型，具体如表 3-4 所示。

表 3-4　LSA 类型

取值	LSA类型
0x2001	Router LSA
0x2002	Network LSA
0x2003	Inter Area Prefix LSA
0x2004	Inter Area Router LSA
0x2005	AS External LSA
0x2006	Group membership LSA
0x2007	Type 7 LSA
0x2008	Link LSA
0x2009	Intra Area Prefix LSA

③ Link State ID：长度为 32 位，链路状态 ID。

④ Advertising Router：此通告路由器的 ID 为产生此 LSA 的设备的 Router ID，长度为 32 位。

⑤ LS sequence number：LSA 的序列号，长度为 32 位，该序列号用于

判断同一条 LSA 不同实例的发布顺序，初始值从 0x80000001 开始递增。其他设备根据 LSA 的序列号可以判断哪个 LSA 是最新的。

⑥ Checksum：长度为 16 位，除 LS age 外其他各域的校验和。

⑦ Length：LSA 的总长度，包括 LSA Header。

3.4　IS-ISv6 协议

IS-IS 协议相对简单，可扩展性好，已经在电信运营商网络中得到了大规模应用。

3.4.1　IS-IS 协议

IS-IS 协议是一种路由选择协议，中间系统（IS）相当于 IP 网络中的路由器。IS-IS 协议本来是为 OSI 参考模型中第三层的无连接网络业务（CLNS）设计的，使用 CLNS 地址来标识路由器，使用协议数据单元（PDU，网络层的 PDU 相当于 IP 报文）进行信息沟通。OSI 参考模型与 TCP/IP 模型术语对照如表 3-5 所示。

表 3-5　OSI 参考模型与 TCP/IP 模型术语对照

缩略语	OSI参考模型中的概念	TCP/IP模型中对应的概念
IS	中间系统	路由器
ES	端系统	主机
DIS	指派中间系统	OSPF中的选举路由器
Sys ID	系统ID	OSPF中的Router ID
PDU	协议数据单元	IP报文
LSP	链路状态协议	OSPF中的LSA，用来描述链路状态
NSAP	网络服务接入点	IP地址

随着 IP 网络的蓬勃发展，IS-IS 协议被扩展应用到 IP 网络中，扩展后的 IS-IS 协议被称为集成 IS-IS（Integrated IS-IS）协议。集成 IS-IS 协议可以支持纯无连接网络协议（CLNP）网络，也可以支持纯 IP 网络，还可以支持同

时运行 CLNP 和 IP 的双重网络环境。通常所说的"IS-IS 协议"指的是扩展后的"集成 IS-IS 协议"（关于 IS-IS 协议和集成 IS-IS 协议的更多信息可查阅 RFC 1142 和 RFC 1195）。

IS-IS 协议是一种使用链路状态算法的路由协议，这类路由协议通常会收集网络内的节点和链路状态信息，构建出一个链路状态数据库，然后运用 SPF 算法计算出到达已知目标的最优路径。首先看看 IS-IS 协议是怎样去标识一个节点的。

1. NET地址

在讲解 IS-IS 协议对网络节点的标识之前，补充一下环回接口的知识。通常在完成网络规划之后，为了方便管理，会为每一台路由器创建一个环回接口，并在该接口上单独指定一个 IP 地址作为管理地址。环回接口是一个类似于物理接口的逻辑接口（虚接口、软接口），它的特点是只要设备不死机，该接口就会始终处于 UP 状态，经常用于线路的环回测试，或使用该地址对路由器进行远程登录。该地址实际上起到了类似设备名称一类的作用。可以配置多个环回地址。

在运行 OSPF、BGP 的过程中，需要指定一个 Router ID，作为路由器的唯一标识，并要求在整个自治系统内唯一。由于 Router ID 是一个 32 位的无符号整数，这一点与 IP 地址十分相像，而且 IP 地址不重复，所以通常将路由器的 Router ID 指定为与该设备上某个接口的 IP 地址相同。综上所述，由于环回接口的 IP 地址通常被视为路由器的标识，所以也就成了 Router ID 的最佳选择。因此，动态路由协议 OSPF、BGP 一般使用该接口 IP 地址作为 Router ID。

在 IS-IS 协议中，又是什么情况呢？IS-IS 协议本身是为 CLNS 设计的，虽然已经扩展应用到 IP 网络中，但仍然需要使用 CLNS 地址对路由器进行标识。在 OSI 参考模型中，CLNS 地址叫作 NSAP（对应 TCP/IP 模型中的 IP 地址），而用于标识网络节点的特殊 NSAP 叫作网络实体名称（NET）地址。与 IP 地址长度固定为 4 字节不同，NET 地址的长度在 8 ~ 20 字节，长度可变，NET 地址可以分成 3 段，如图 3-21 所示。

图 3-21 NET 地址

（1）区域地址（Area ID）

标识路由器所在的区域，长度在 1 ～ 13 字节，长度可变，由 AFI（权限和格式标识）、IDI（初始域标识）、High Order DSP 组成。由于 IS-IS 协议中，区域以路由器为边界，因此，1 台路由器的各个接口上的 Area ID 都是一样的。在 IS-IS 协议中，1 个路由器最多可以具有 3 个 Area ID，这对区域中的过渡是很有用的。如果一组路由器有相同的 Area ID，那么它们属于同一区域。如果一台 IS-IS 路由器属于多个区域，则可以配置多个具有不同 Area ID 和相同 System ID 的 NSAP。

（2）System ID（系统 ID）

一个自治系统中一台路由器的唯一标识，可以看作路由器的"身份证"，长度固定为 6 字节。

（3）NSEL（N 选择器）

用于标识 IS-IS 协议应用的网络，长度固定为 1 字节。当设置为 0 时，用于 IP 网络。

在 IS-IS 协议的世界中，所有的 NET 地址必须受到如下约束。

① 一个中间系统（路由器）至少有一个 NET 地址（所有 NET 地址都必须有相同的 System ID，但由于一个中间系统可以同时有 3 个 Area ID，因此实际中最多可以有 3 个 NET 地址），两个不同的中间系统不能具有相同的 NET 地址。

② 一台路由器可以有一个或多个 Area ID，多 NET 地址设置只有当需要重新划分区域时才需要使用，如多个区域的合并或者将一个区域划分

为多个不同的区域。这样可以保证在进行重新配置时仍然能够保证路由的正确性。

③ NET 地址至少需要 8 字节的长度（1 字节长的 Area ID，6 字节长的 System ID 和 1 字节长的 N 选择器），最多为 20 字节。由于 IS-IS 系统使用 NET 地址进行网络节点标识，因此在使用 IS-IS 协议的网络中，路由器除了具备 Router ID（通常使用逻辑接口 Loopback0），还具备 NET 地址。

2. IS-IS网络分层

为网络中的每个节点分配 NET 地址，链路连接完成后，节点之间就可以找邻居了。在这之前，先来了解一下 IS-IS 协议的分层结构。

IS-IS 协议是一种 IGP，适用于一个自治系统内，但自治系统是一个逻辑系统，范围可大可小，打个比方，广西壮族自治区可以看作一个自治系统，三江侗族自治县也可以看作一个自治系统，在管理一个像广西壮族自治区这么大的自治系统时，通常需要将它进一步划分为市、县进行管理，对于 IS-IS 网络也有这样的分区域、分层管理需求。

IS-IS 网络支持划分区域和层次，但 IS-IS 网络仅仅支持以下两种分层。

① Level-1：常规区域，也叫 Level-1（L1）。

② Level-2：骨干区域，也叫 Level-2（L2）。

在 IS-IS 协议中，路由器必须属于某个特定的区域。常规区域内只保存常规区域的数据库信息。骨干区域内既保存常规区域的数据库又有骨干区域的数据库信息。由同一区域内的路由器交换信息的节点组成 L1，区域内的所有 L1 路由器均知道整个区域的拓扑结构，负责区域内的数据交换。区域之间通过 L12 路由器相连接，各个区域内的 L12 路由器与骨干区域 L2 路由器共同组成骨干网，L2、L12 路由器负责区域间的数据交换（对于一个要送往另一个区域的数据报，不管它的目的区域到底在哪里）。

如图 3-22 所示，可以看到在分区域、分层结构中，有 3 种不同的路由器角色，包括 L1 路由器、L2 路由器和 L12 路由器。

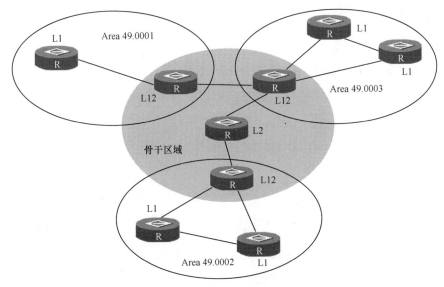

图 3-22　划分区域和层次的网络

（1）L1 路由器

只与本区域内的路由器形成邻接关系；只参与本区域内的路由，只保留本区域的数据库信息；通过发布指向离自身最近的 L1/L2 路由器的默认路由，访问其他区域。

（2）L2 路由器

可以与其他区域的 L2 路由器形成邻接关系；参与骨干区域的路由；保存整个骨干区域内的路由信息；L1/L2 路由器同时可以参与 L1 路由。

（3）L12 路由器

可以和本区域内的任意级别的路由器形成邻接关系，也可以和相邻的其他区域内的 L2 路由器或 L1/L2 路由器形成邻接关系；可能有两个级别的链路状态数据库；L1 路由器用来作为区域内路由；L2 路由器用来作为区域间路由；完成它所在的区域和骨干区域之间的路由信息的交换，将常规区域数据库中的路由信息转换到骨干区域数据库中，以在骨干区域中传播，既承担 L1 路由器的职责也承担 L2 路由器的职责；通常位于区域边界上。

如图 3-23 所示，假如整个网络是 1 个乡，3 个区域是 3 个村，同一个村里的普通村民（L1 路由器）可以互相了解信息。如果它们想了解别的村的情况或者送东西到其他村，必须通过村主任（L12 路由器）。各个村主任（L12 路由器）和乡长（L2 路由器）经常一起开会，它们对整个乡的情况都比较了解，知道哪个村有哪些人，向不同村送东西应该交给哪个村主任。还需要注意的一点是，骨干区域要求连续。换句话说，村主任和村主任或村主任和乡长之间不通过普通的村民进行交往，必须通过另外一个村主任或者乡长。

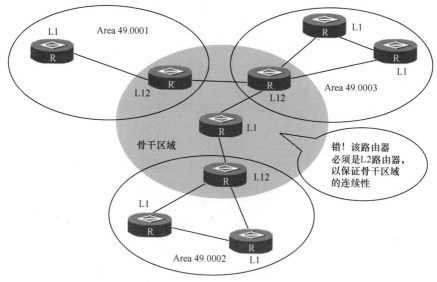

图 3-23　不连续的骨干区域

3. IS-IS工作原理

（1）建立邻接关系

在 IS-IS 协议中，路由器之间首先要"找朋友"，用数据通信的术语来讲就叫"建立邻接关系"。两台运行 IS-IS 协议的路由器在协议报文交互、实现路由功能之前，必须首先建立邻接关系，建立邻接关系需要遵循以下基本原则。

① 只有同一层次的相邻路由器才有可能成为邻接体，L1 路由器只能和 L1 路由器或 L12 路由器建立 L1 邻接关系，L2 路由器只能和 L2 路由器或 L12 路由器建立 L2 邻接关系，L12 路由器既可以和 L1 路由器又可以和 L2 路由器建

立邻接关系。这里要特别注意，L1 邻接关系和 L2 邻接关系是完全独立的，两台 L12 路由器之间可以只形成 L1 邻接关系，也可以只形成 L2 邻接关系，还可以同时形成 L1 邻接关系和 L2 邻接关系。

② 形成 L1 邻接关系要求 Area ID 一致。

③ 一般而言，建立邻接关系的接口 IP 地址只能在同一网段内。相邻路由器互相发送 Hello 报文，验证相关参数后即可建立邻接关系。

④ 抑制时间：指邻居路由器在宣告始发路由器失效前，等待接收下一个 Hello 报文的时间，通常设置时长为发送时间间隔的 3 倍，如果每 10 秒发送一个 Hello 报文，则抑制时间设置为 30 秒。

⑤ 认证信息：出于安全考虑，为防止设备随意接入网络，通常对 IS-IS 协议进行认证信息配置。通过认证信息配置，可以预防多进程、多区域网络部署和维护中的误操作。

⑥ 填充：IS-IS 协议可以对 Hello 报文进行填充，使其达到 1492 字节或链路 MTU 的大小，一般路由设备默认开启填充功能。

（2）链路状态信息泛洪

泛洪也称为洪泛，是链路状态信息在整个网络中的传播，节点将某个接口接收到的数据流从除该接口外的所有接口发送出去，这样任意链路状态信息的变化都会像洪水一样，从一个节点瞬间传播到整个网络中的所有节点处。下面来看看这个过程是怎么完成的。

① 链路状态发生变化的节点产生一条新的链路状态分组（LSP），并通过链路层多播地址发送到自己的邻居节点。LSP 描述一个节点的链接状态，通常包含 LSP ID、序列号、剩余存活时间、邻居、接口、IP 内部可达性（与该路由器直接连接的自治系统内的 IP 地址和掩码）和 IP 外部可达性（该路由器可以到达的自治系统外的 IP 地址和掩码）等信息。

② 邻居接收到了新的 LSP，将该 LSP 与自身的 LSP 数据库中的 LSP 进行序列号等方面的比较，发现接收到的 LSP 为更新的 LSP，将新的 LSP 安装到自身的 LSP 数据库中，标记为 Flooding，并通过部分序列号协议数据单元

（PSNP）进行确认。

③ 邻居将新的 LSP 发送给自身所有的邻居。由此，一条新的 LSP 从网络节点的邻居，扩散到邻居的邻居，然后进一步扩散，在网络中完成泛洪。

（3）计算路径

一个网络节点完成链路状态数据库的构建和更新后，就可以使用 SPF 算法进行路径计算。SPF 算法基于 Dijkstra 算法，以自身为根计算出一棵最小生成树。图 3-24 所示的例子就是路由器 A（RTA）计算出的最小生成树，从最小生成树上可以计算出路由器 A 到其他所有节点的度量值。

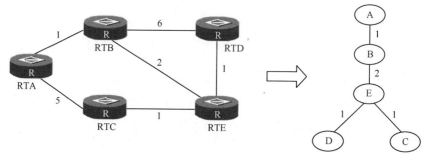

图 3-24　利用 SPF 算法计算最小生成树

在这里要说一下链路度量值（Cost 值）。如果把一条链路比喻成一条马路，度量值可以比喻成沿这条马路到达对端要花费的时间，度量值越小越好。以图 3-24 为例，从 RTA 到 RTC 虽然有一条直达马路，但是这条马路可能路况很差，需要花费 5 小时才能到，所以从 RTA 出发的数据报文还是选择了 RTA—RTB—RTE—RTC 这条路，虽然需要多次转接，但总共花费 4 小时就能到达。

度量值是在每台路由器的接口上单独配置的，用于衡量接口出方向的开销。理论上，一条链路两端的接口可以配置不同的度量值，但是这样可能会造成在两个节点之间来去的数据报文沿不同路径发送，甚至造成无法正常发送数据报文。因此在日常网络中很少这样进行配置，一般情况下均要求为一条链路两端的接口配置一样的度量值。对于所有的数据通信网络而言，度量值的规划都十分重要，通过对度量值的规划，可以控制业务的流向。

理论上 IS-IS 协议支持使用默认度量值、时延度量值、差错度量值等多个值，实际上通常只使用默认度量值。一般接口的默认度量值为 10，可通过手工配置调整。IS-IS 协议支持的接口度量值范围通常为 0 ～ 63(接口度量值的最大长度是 6 位)，整条路径度量值范围为 0 ～ 1023(路径度量值的最大长度是 10 位)，超过 1023 则认为路径不可达。通过扩展度量 TLV，接口度量值的最大长度可达 24 位，路径度量值的最大长度可达 32 位。

对于在同一 IS-IS 进程内同时部署常规区域和骨干区域的情况，路径计算会更加复杂，原则上优先选择常规区域内路径，即如果某一目的地址既可以通过常规区域到达，也可以通过骨干区域到达，则优先选择常规区域中的最短路径。

3.4.2　IS-ISv6 协议详细介绍

2008 年 10 月，支持 IPv6 的 IS-IS 协议标准被正式接纳为互联网标准，编号为 RFC 5308。相较于 OSPFv3 对 OSPFv2 进行的较大改动，IS-IS 协议呈现出极好的扩展性。IS-IS 协议对 IPv6 的支持，仅需要定义两个新的 TLV 和一个新的网络层协议标识符（NLPID）。

图 3-25 所示为 232 号 TLV 报文格式。IPv6 Interface address(IPv6 接口地址) 相当于 IPv4 中的 IP Interface address(IP 接口地址)，只不过把原来 32 位的 IPv4 地址改为 128 位的 IPv6 地址。

```
IPv6 Interface address(es) (t=232, l=16)
  Type: 232
  Length: 16
  IPv6 interface address: 2002::1
```

图 3-25　232 号 TLV 报文格式

图 3-26 所示为 236 号 TLV 报文格式。IPv6 reachability(IPv6 可达性) 通过定义路由信息前缀、度量值等信息来说明网络的可达性。

```
IPv6 reachability (t=236, l=14)
  Type: 236
  Length: 14
˅ IPv6 Reachability: 2001::/64
    Metric: 20
    0... .... = Distribution: Up
    .0.. .... = Distribution: Internal
    ..0. .... = Sub-TLV: No
    Prefix Length: 64
    IPv6 prefix: 2001::
    no sub-TLVs present
```

图 3-26　236 号 TLV 报文格式

图 3-27 所示为 129 号 TLV 报文格式。NLPID 是标识网络层协议报文的一个长度为 8 位的字段，通过 129 号 TLV 报文携带。IPv6 的 NLPID 值为 142（0x8E）。如果 IS-IS 协议支持 IPv6，则向外发布 IPv6 路由时必须携带 NLPID。

```
Protocols Supported (t=129, l=1)
  Type: 129
  Length: 1
  NLPID(s): IPv6 (0x8e)          表示IPv6
```

图 3-27　129 号 TLV 报文格式

在 RFC 5120 中增加了对多拓扑功能的支持。对于 IPv4 和 IPv6 双栈部署的环境，IS-IS v6 拓扑存在两种情况，在单拓扑模式下直接使用 IPv4 产生的拓扑信息；开启 IS-IS 多拓扑功能，IS-IS 新增 222 号 TLV、237 号 TLV、229 号 TLV 报文来实现多拓扑功能。现网通常开启 IS-IS 多拓扑功能，避免拓扑不一致导致路由和转发异常。

图 3-28 所示为 222 号 TLV 报文格式。222 号 TLV 报文携带多拓扑场景下的 IPv6 拓扑信息。

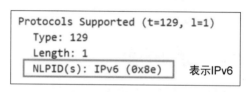
```
Multi Topology IS Reachability (t=222, l=13)
  Type: 222
  Length: 13
  0000 .... .... .... = Reserved: 0x0
  .... 0000 0000 0010 = Topology ID: IPv6 routing topology (2)
˅ IS Neighbor: 0000.0000.0001.01          拓扑信息
    IS neighbor ID: 0000.0000.0001.01
    Metric: 10
  SubCLV Length: 0 (no sub-TLVs present)
```

图 3-28　222 号 TLV 报文格式

图 3-29 所示为 237 号 TLV 报文格式。237 号 TLV 报文携带多拓扑场景下的 IPv6 路由信息。

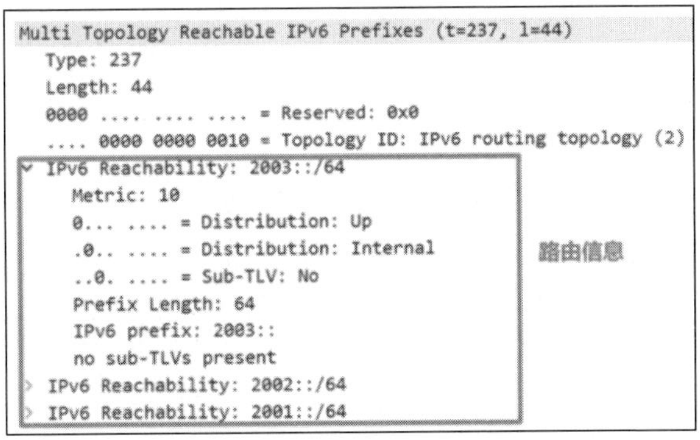

```
Multi Topology Reachable IPv6 Prefixes (t=237, l=44)
    Type: 237
    Length: 44
    0000 .... .... .... = Reserved: 0x0
    .... 0000 0000 0010 = Topology ID: IPv6 routing topology (2)
  IPv6 Reachability: 2003::/64
    Metric: 10
    0... .... = Distribution: Up
    .0.. .... = Distribution: Internal       路由信息
    ..0. .... = Sub-TLV: No
    Prefix Length: 64
    IPv6 prefix: 2003::
    no sub-TLVs present
  IPv6 Reachability: 2002::/64
  IPv6 Reachability: 2001::/64
```

图 3-29　237 号 TLV 报文格式

图 3-30 所示为 229 号 TLV 报文格式。229 号 TLV 报文携带支持多拓扑的信息。

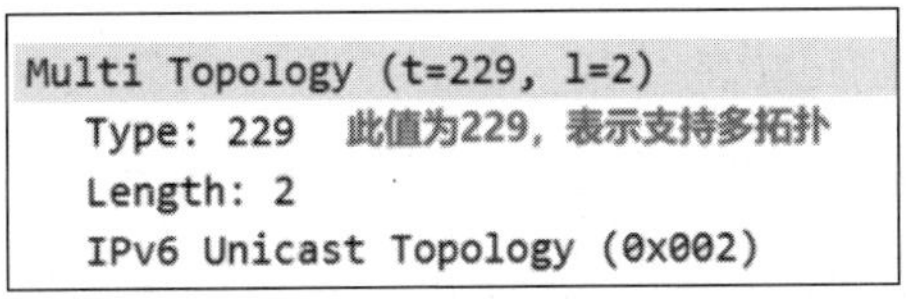

```
Multi Topology (t=229, l=2)
    Type: 229    此值为229，表示支持多拓扑
    Length: 2
    IPv6 Unicast Topology (0x002)
```

图 3-30　229 号 TLV 报文格式

3.5　BGP4+

BGP4 只能管理 IPv4 的路由信息，却无法管理其他网络层协议的路由信息。为实现对 IPv6、多播和 VPN 相关内容的支持，多协议 BGP（MP-BGP）对 BGP4 进行了扩展。其中，MP-BGP 对 IPv6 单播网络的支持特性称为 BGP4+，对 IPv4 多播网络 /IPv6 多播网络的支持特性称为多播 BGP（MBGP）。

3.5.1　BGP 概述

BGP 用于不同 AS 之间的路由传播，并不具备发现和计算路由功能，而是着重于控制路由的传播和最好路由的选择。BGP 基于 IGP 运行，进行 BGP 路由传播的两台路由器首先要实现 IGP 可达，并且已建立起 TCP 连接。BGP4 是在 RFC 4271 中定义的。

1. BGP基本概念

（1）AS

AS 指的是由同一个技术管理机构管理、使用统一选路策略的一组路由器的集合。每个 AS 都有唯一的 AS 编号，这个编号是由互联网授权的管理机构分配的。AS 编号的范围是 1 ～ 65535，其中 1 ～ 65411 是注册的互联网编号（类似于 IP 地址中的公共地址），65412 ～ 65535 是专用网络编号（类似于 IP 地址中的私有地址）。

AS 的产生可以看作对网络的一种分层，整个网络被分成多个 AS；AS 内部互相信任，通过部署 IGP 自动发现和计算路由；AS 之间通过部署 BGP 进行配置参数的选择和控制路由的传播。如果把一个 AS 比喻为一个公司，IGP 就是公司的内部流程，而 BGP 则是公司之间往来的流程。

如果一个路由器只启用 IGP，说明这个路由器在网络内部，无须与其他网络打交道，这时候 AS 编号就没有意义了；如果路由器启用了 BGP，则说明这个路由器需要与其他网络打交道，这时候就一定需要给 AS 编号。AS 编号一旦确定，后续很难再更改，通常在构建一个网络时，要事先规划好 AS 编号的分配。

（2）BGP Speaker 和 Peer

发送 BGP 消息的路由器称为 BGP 发言者（Speaker），它接收或产生新的路由信息，并将路由信息通告给其他的 BGP Speaker。当 BGP Speaker 接收到来自其他 AS 的新路由信息时，如果该路由的优先级更高，它将这条路由通告给所有其他 BGP Speaker(发送这条路由的 BGP Speaker 除外)。

互相交换信息的 BGP Speaker 之间互称对等体（Peer），若干相关的对等体可以组成对等体组（Peer Group）。

（3）BGP 连接类型

BGP 连接类型主要有两种——内部 BGP（IBGP）和外部 BGP（EBGP）。

IBGP：如果两个交换 BGP 信息的对等体属于同一个 AS，那么这两个对等体就是 IBGP 对等体，如图 3-31 中的路由器 B 和路由器 D 所示。换句话讲，虽然 BGP 是运行于 AS 之间的路由协议，但是在一个 AS 的不同边界路由器之间也要建立 BGP 连接，只有这样才能实现路由信息在全网的传递。比如路由器 B 和路由器 D，为了实现 AS 100 和 AS 300 之间的通信，要在它们之间建立 IBGP 连接。IBGP 对等体之间不一定有物理相连，但一定有逻辑相连，就可以完成 TCP 握手。一般 IBGP 连接建立在对等体路由器的本地环回地址上。

EBGP：两个交换 BGP 信息的对等体属于不同的 AS，那么这两个对等体就是 EBGP 对等体，如图 3-31 中的路由器 A 和路由器 B 所示。EBGP 对等体之间通常要求能够物理相连，EBGP 连接一般建立在互联的接口上。

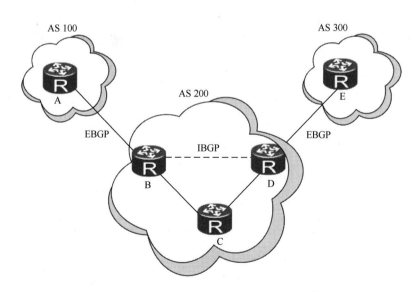

图 3-31　IBGP 和 EBGP 示意

（4）BGP TTL

一台 BGP 路由器只属于一个 AS，在建立 BGP 邻接关系时，如果对方路由器属于不同 AS，即邻居在 BGP 路由器所属 AS 外部，则邻接关系为 EBGP。考虑到外部 AS 的路由器会对 BGP 路由器发起拒绝服务（DoS）攻击，所以 BGP 路由器要求与 EBGP 邻居直连，而 IBGP 邻居可以在任意位置。这可以通过控制 BGP 数据包的 TTL 值实现，默认把建立 EBGP 邻接关系时发出数据包的 TTL 值设为 1，就限制了必须与 EBGP 邻居直连（在实际部署中也可以取消对 EBGP 邻居发出数据包的 TTL 值限制），而由于 IBGP 邻居可以在任意位置，所以建立 IBGP 邻接关系时发出数据包的 TTL 值为最大值，即 255。

（5）BGP 路由表

路由器之间建立 BGP 邻接关系后，就可以相互交换 BGP 路由信息了。BGP 路由器会将得到的路由与普通路由分开存放，所以 BGP 路由器会同时拥有两张路由表，一张路由表是存放普通路由的路由表，称为 IGP 路由表。IGP 路由表的路由信息只能通过运行 IGP 和手工配置获得，并且只能传递给 IGP 路由器。另一张路由表就是运行 BGP 之后创建的路由表，称为 BGP 路由表。

因为 BGP 路由器的连接类型分为 EBGP 和 IBGP 两种，所以 BGP 路由的 AD 值（优先级）也有区分，如果 BGP 路由信息是从 EBGP 邻居学习到的，AD 值为 20。可以发现，从 EBGP 邻居学习到的路由信息，其优先级将高于任何 IGP 路由表的路由。如果 BGP 路由信息是从 IBGP 邻居学习到的，AD 值为 200。同样可以发现，此类路由的优先级低于任何 IGP 路由表的路由。BGP 本地路由的 AD 值为 200，与 IBGP 路由的 AD 值相同，优先级低于任何 IGP 路由表的路由。

（6）BGP AS_Path

BGP 路由信息可能会从一个 AS 发往另外一个 AS，从而穿越多个 AS。由于运行 BGP 的网络会是一个很大的网络，路由信息从一个 AS 被发出，可能经过转发，又回到了最初的 AS 之中，最终形成路由环路。为防止路由环路的形成，BGP 路由器在将路由信息发往其他 AS 时，也就是在发给 EBGP 邻居时，在路由信息中写上自身的 AS 编号，下一个 AS 接收到路由信息后，在发给其他 AS 时，除保留之前的 AS 编号外，也添加上自身的 AS 编号，这样被写在路由信息中的 AS 编号的集合称为 AS_Path。如果 BGP 路由器收到的路由信息的 AS_Path 中包含自身的 AS 编号，则可判断路由信息被发了回来，出现了路由环路，于是丢弃收到的路由。BGP 路由器只有在将路由信息发给 EBGP 邻居时，才会在 AS_Path 中添加自身的 AS 编号，而在发给 IBGP 邻居时，不会添加 AS 编号，因为其与 IBGP 邻居在同一个 AS 中，即使要添加，AS 编号也全是一样的，所以没有必要。

　　AS_Path 包含了 BGP 路由器到达目的地所经过的所有 AS 编号的集合。AS_Path 会包含多个 AS 编号，AS 编号的多少，从逻辑上反映了到达目的地的距离远近。

　　在图 3-32 中，当路由穿越各个 AS 时，所有发给 EBGP 邻居的路由信息，都会在 AS_Path 中添加自身的 AS 编号（自身的 AS 编号总是添加在 AS_Path 的最前面）。例如，一条路由信息从 AS 10 被发往 AS 20，则 AS_Path 为 "10"；当 AS 20 将路由信息发往 AS 30 时，添加上自身的 AS 编号（20）之后，AS_Path 变成 "20,10"；当 AS 30 将路由信息发往 AS 50 时，最终 AS 50 收到的路由信息的 AS_Path 为 "30,20,10"；当 AS 30 将路由信息发给 AS 40，AS 40 再将路由信息发给 AS 10 时，路由信息的 AS_Path 为 "40,30,20,10"，由于 AS 10 在接收到路由信息后，发现 AS_Path 中包含自身的 AS 编号（10），所以认为出现路由环路，便丢弃接收到的所有路由信息。

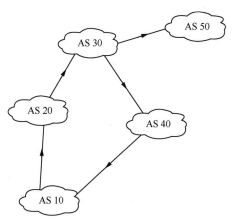

图 3-32　AS 传送路由示意

当在 BGP 路由表中存在多条路径到达同一目的地时，会优先选择 AS_Path 最短的路径。

（7）路由反射器（RR）

为保证 IBGP 对等体之间的连通性，需要在 IBGP 对等体之间建立 Full Mesh（全连接）关系。假设在一个 AS 内部有 n 台路由器，那么应该建立的 IBGP 连接数就为 $n(n-1)/2$。当 IBGP 对等体数目很多时，对网络资源和 CPU 资源的消耗很大。利用路由反射可以解决这一问题。在一个 AS 内，将一台路由器作为 RR，其他路由器作为客户机（Client）。在客户机与 RR 之间建立 IBGP 连接。RR 和它的客户机组成一个集群（Cluster），使用 AS 内唯一的 Cluster ID 作为标识，防止集群间产生路由环路。RR 在客户机之间反射路由信息，在各个客户机之间不需要建立 BGP 连接。

既不是 RR 也不是客户机的 BGP 设备被称为非客户机（Non-Client）。非客户机与 RR 之间，以及所有的非客户机之间仍然必须建立全连接关系。RR 连接示意如图 3-33 所示。

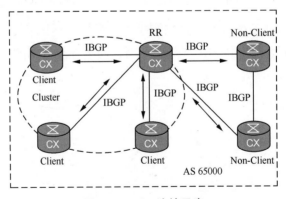

图 3-33　RR 连接示意

当 RR 接收到对等体发来的信息时，首先使用 BGP 选路策略来选择最佳路由。在向 IBGP 邻居发布学习到的路由信息时，RR 按照 RFC 2796 中的规则发布路由信息。

从非客户机 IBGP 对等体学到的路由信息，发布给此 RR 的所有客户机。

从客户机学习到的路由信息，发布给此 RR 的所有非客户机和客户机（发起此路由的客户机除外）。从 EBGP 对等体学到的路由信息，发布给所有的非客户机和客户机。

RR 的配置方便，只需要对作为 RR 的路由器进行配置，客户机并不需要知道自身是客户机。在某些网络中，RR 的客户机之间已经建立了全连接，它们可以直接交换路由信息，此时客户机与客户机之间的路由反射是没有必要的，而且还占用带宽资源。路由器支持配置命令 "undo reflect between-clients" 来禁止客户机之间的路由反射，但客户机到非客户机之间的路由仍然可以被反射。在默认情况下，允许客户机之间进行路由反射。

2. BGP 工作原理

（1）建立 BGP 连接

BGP 并不像 IGP 那样能够自动发现邻居和路由，需要人工配置 BGP 对等体，这就像两个公司要专门指定往来的对口人员。BGP 是建立在 TCP 之上的，使用 TCP 端口号 179，首先要实现 IP 可达，才能建立 BGP 连接。

（2）注入路由

在初始状态下，BGP 路由表为空，其中没有任何路由信息。如果要让 BGP 路由器传递相应的路由信息，只能先将该路由信息导入 BGP 路由表，之后才能在 BGP 邻居之间传递。在默认情况下，任何路由信息都不会自动进入 BGP 路由表，只能手工导入。对于路由信息是怎么进入 BGP 路由表的，进入方式会被记录在路由条目中，称为 Origin 属性。将路由信息导入 BGP 路由表的方式有以下 3 种。

① 路由器上默认会有 IGP 路由表，这些 IGP 路由表中的路由信息可以被手工导入 BGP 路由表。在 BGP 进程模式下，使用命令可将 IGP 路由表中的相应路由信息导入 BGP 路由表。通过命令被导入 BGP 路由表的路由的 Origin 属性为 IGP。

② BGP 路由表可以从 EGP 中获得路由信息，而 EGP 已经被淘汰，被

BGP 所取代，所以现在已经很难遇见 EGP。从 EGP 获得的路由的 Origin 属性为 EGP。

③ BGP 路由表除从 IGP 路由表和 EGP 获得路由外，还可以将路由信息重分布进 BGP 路由表中，而重分布的路由的 Origin 属性为 Incomplete。

（3）路由通告

路由通告指的是把自身获取的 BGP 路由信息告诉别的 BGP 对等体，BGP Speaker 就是发出通告的路由器，可以看作一个大喇叭。BGP Speaker 的路由通告遵循以下原则。

① 存在多条路径时，BGP Speaker 只选最优的路径给自身使用。

② BGP Speaker 只把自身使用的路由通告给对等体。

③ BGP Speaker 从 EBGP 获得的路由会通告给所有的 BGP 对等体（包括 EBGP 和 IBGP）。

④ BGP Speaker 从 IBGP 获得的路由不会通告给其他 IBGP 对等体，因此要求其他 IBGP 对等体之间在逻辑上全连接。

⑤ BGP Speaker 从 IBGP 获得的路由是否通告给其他的 EBGP 对等体要依 IGP 和 BGP 同步的情况来决定。

⑥ 连接一建立，BGP Speaker 便将把自身所有的 BGP 路由通告给新对等体。

3. 路由更新

BGP 报文类型有 4 种，分别为 Open 报文、KeepAlive 报文、Update 报文、Notification 报文。

① Open 报文用于建立连接，类似于 IGP 建立邻接关系过程中的 Hello 报文。

② KeepAlive 报文用于保持连接，类似于 IGP 邻接关系建立后的 Hello 报文。默认每 60 秒发送一次 KeepAlive 报文，Hold Timer 为 180 秒，即到达 180 秒没有接收到邻居的 KeepAlive 报文，便认为邻居丢失，则断开与邻

居的连接。

③ Update 报文携带路由更新信息，包括撤销路由信息、可达路由信息及其各种路由属性。

④ Notification 报文在发现错误或关闭同对等体之间连接的情况下使用。

与 IGP 路由器不同的是，在路由更新时，BGP 路由器只发送增量路由信息（增加、修改、删除的路由信息），这样可以减少 BGP 路由器传播路由信息时所占用的带宽。具体做法如下，BGP 路由器初始化时发送所有的路由信息给 BGP 对等体，同时在本地保存已经发送给 BGP 对等体的路由信息。当本地的 BGP 路由器接收到了一条新路由信息时，与保存的已发送路由信息进行比较，如未发送，则发送；如已发送，则与已经发送的路由信息进行比较，如新路由信息更优，则发送此新路由信息，同时更新已发送路由信息，反之则不发送。当本地 BGP 路由器发现一条路由失效时（如对应端口失效），如果路由信息已发送，则向 BGP 对等体发送一个撤销路由信息。

总之，BGP 路由器不是每次都广播所有路由信息的，而是在初始化全部路由信息后只发送增量路由信息，这样保证了 BGP 路由器和对端间的最小通信量。

和其他路由协议类似，BGP 路由器也必须通过一定的机制来避免路由环路的形式。在 BGP 路由器中有两种情况。① AS 之间：BGP 路由器通过携带上述的 AS 路径属性（AS_Path）来标记途经的 AS，带有本地 AS 编号的路由信息将被丢弃，从而避免域间产生路由环路；② AS 内部：BGP 路由器在 AS 内部学习到的路由信息不再通告给 AS 内部的 BGP 邻居，从而避免 AS 内部的产生路由环路。

3.5.2　BGP4+

如前文所述，MP-BGP 对 BGP 4 进行了扩展。MP-BGP 对 IPv6 单播网络的支持特性称为 BGP4+，对 IPv4 多播网络 /IPv6 多播网络的支持特性称为 MBGP。

MP-BGP 对 IPv6 的支持较为简单，由于 BGP 本身运行在 TCP 之上，因此在协议上无须改动，在 BGP 消息中使用的 Router ID 和 Cluster ID 也无须修改。MP-BGP 引入两个新的可选非过渡路径属性（MP_REACH_NLRI 和 MP_UNREACH_NLRI），进行 IPv6 路由通告和撤销。

MP_REACH_NLRI［多协议可达 NLRI（网络层可达性信息）］用于发布可达路由及下一跳地址信息，报文格式如图 3-34 所示。其中，Address Family Identifier（地址族标识）和 Subsequent Address Family Identifier（子地址族标识）分别是地址族和子地址族信息，用于区分携带路由信息所属的网络层协议。如果地址族标识为 2、子地址族标识为 1，则表示该属性中携带的是 IPv6 单播路由信息。其他字段含义如下：Length of Next Hop Network Address 的含义为下一跳网络地址长度；Network Address of Next Hop 的含义为下一跳网络地址；Reserved 的含义为保留字段。Network Layer Reachability Information 的含义为网络层可达信息，表示路由前缀和掩码信息。

| Address Family Identifier （2 字节） |
| Subsequent Address Family Identifier （1 字节） |
| Length of Next Hop Network Address （1 字节） |
| Network Address of Next Hop （variable） |
| Reserved （1 字节） |
| Network Layer Reachability Information （variable） |

图 3-34　MP_REACH_NLRI 报文格式

MP_UNREACH_NLRI（多协议不可达 NLRI）用于撤销不可达路由，报文格式如图 3-35 所示。其中的地址族标识、子地址族标识与 MP_REACH_NLRI 中的属性相同。Withdrawn Routes（撤销路由）表示不可达路由列表，由一个或多个 NLRI 组成。

| Address Family Identifier （2 字节） |
| Subsequent Address Family Identifier （1 字节） |
| Withdrawn Routes （variable） |

图 3-35　MP_UNREACH_NLRI 报文格式

第 4 章

IPv6 部署过渡方案

IPv6 和 IPv4 需要长期共存，共存期间需要部署可兼容的过渡方案，如双栈方案、6VPE 方案、NAT64 方案。

4.1　双栈方案和 6VPE 方案

双栈方案是 IPv4 向 IPv6 过渡的基础方案，同时部署 IPv4 协议栈和 IPv6 协议栈的网络节点（设备）称为 IPv4/IPv6 双栈节点，IPv4/IPv6 双栈节点可以和仅支持 IPv4 协议栈或仅支持 IPv6 协议栈的节点通信。

现网中的双栈方案包含部署规划阶段和改造阶段。其中，部署规划阶段包括现网设备能力评估、IPv6 地址规划、路由设计和协议参数规划、MTU 设计、安全设计、业务方案规划和管控方案规划。

在现网设备能力评估方面，应事先对要双栈部署的网络拓扑、设备版本型号、设备能力进行评估，以确保相应设备均支持双栈部署。同时应注意，部分设备对于双栈支持有 LICENSE 限制，应在评估中同步确认。

在 IPv6 地址规划方面，地址段规划一般遵照以下原则。不同网络，采用不同的地址空间；同一网络内不同层次，采用不同的地址空间；同一网络同一层次内不同类型的地址，采用不同的地址空间；不同网络间的互联地址，采用单独的地址空间。完成地址段规划后，进行掩码规划，常规接口地址使用 126 位掩码（或 127 位掩码），环回地址使用 128 位掩码，SRv6 Locator 使用 64 位掩码。同时，应维护好 IPv4 地址和 IPv6 地址的对应关系，在有条件时，应纳入系统管理体系。IPv4 地址和 IPv6 地址的对应关系如表 4-1 所示。

表 4-1　IPv4 地址和 IPv6 地址的对应关系

设备名称	IPv4地址	IPv6地址
A	10.28.73.3/32	2408:8122:6800:0001:0000:0200::/128
B	10.28.73.4/32	2408:8122:6800:0001:0000:0200::1/128
C	10.28.73.5/32	2408:8122:6800:0001:0000:0200::2/128
D	10.28.73.7/32	2408:8122:6800:0001:0000:0200::3/128

在路由设计和协议参数规划方面，①针对使用 IS-IS 协议的情况，IS-ISv6 可直接复用当前的 IS-IS 进程号、network-entity 命令和区域模式。但注意要启用多拓扑模式。Metric 值可参考当前 IS-IS 进程的 Metric 值或单独规划。路由设计和协议参数规划（针对使用 IS-IS 协议的情况）如表 4-2 所示。②针对使用 OSPFv2 的情况，直接启用 OSPFv3，新建独立 IGP 进程，各种参数可参考 OSPFv2 进程进行规划。③根据组网和业务需求进行 BGP 规划。

表 4-2　路由设计和协议参数规划（针对使用 IS-IS 协议的情况）

编号	IS-IS相关数据	配置
1	Process ID	与现网IPv4保持一致
2	network-entity命令	与现网IPv4保持一致
3	区域模式	与现网IPv4保持一致
4	Metric值	参考现网IPv4配置
5	cost-style	Wide
6	身份验证（Hello Authentication）	MD5
7	多拓扑模式	启用IS-IS多拓扑模式
8	IPv6 preference	默认
9	等价多路径路由（ECMP）条数	默认
10	路由策略	无

在 MTU 设计方面，需要特别注意，在 IPv6 网络中，为提高网络设备转发效率，中间设备（如路由器）不再具有分片功能，对于超过本设备发送长度的报文，直接丢弃；报文的分片重组功能只在发送端完成，也就是说只有发送端才能对报文进行分片，所以发送端需要确定链路的 PMTU，才能确定发送报文的最优长度。在这种情况下，大网一般区分用户 - 网络接口（UNI）和网络 -

网络接口（NNI）规划，同时需要注意 IPv6 和 IPv4 链路的 MTU 需要独立设置。

在安全设计方面，确保不同网络、不同类型地址空间的独立划分，做好网络边界访问控制列表（ACL）配置，依据业务需求白名单过滤报文。

在业务方案规划方面，根据网络二层、三层业务的不同需求进行规划，一般基于 IPv6 的业务方案都基于 SRv6+ 以太网虚拟专用网（EVPN）技术，统一支持网络二层、三层业务开通。

在 IPv4/IPv6 双栈（以下简称"双栈"）部署规划中，最容易忽视管控方案，往往等到双栈方案部署完成后，才进行管控系统改造。各厂家对于双栈方案的运营能力在逐步提升中，管控方案应包括关键的管控要求和升级计划，各厂家应具备长期运营能力。

完成部署规划工作后，进入现网双栈改造阶段。根据网络规模大小和具备条件的不同，整体现网双栈改造往往需要花费数月到一年的时间，演进过程长。2021 年，广东联通进行无线接入网 IP 化（IPRAN）、智能城域网全量双栈部署和 SRv6+EVPN 业务承载方案部署，从开始规划到完成全网 3 万终端设备部署，用时将近一年。在改造实施期间，还要同步进行人员宣贯培训，确保改造后运营正常及正常提供业务支撑。

双栈部署要求相应设备均具有双栈能力，目前对运营商网络基础设施的支持相对较好，但端到端网络互访环境比较复杂，在演进过程中，经常出现 IPv6 设备需要穿通 IPv4 网络访问对端的情况，此时可以使用隧道技术或地址转换技术。在移动承载网中，最常见的隧道技术是 6VPE，6VPE 由 2006 年发布的 RFC 4659 定义。与之类似的有 6PE，但 6PE 将所有通过 6PE 连接的 IPv6 网络都配置在一个 VPN 内，无法进行逻辑隔离，仅能用于开放的、无保护的 IPv6 网络互联，在移动承载网中较少应用。6VPE 是一种 VPN 技术，通过 IPv4 公有网络或骨干网连接多个私有 IPv6 站点，并确保属于不同用户私有 IPv6 站点间的业务相互隔离。6VPE 配置非常简单，针对已有 IPv4 VPN，只需要在同一个 VPN 内绑定接口、配置 IPv6 地址，在 BGP 配置中启用 IPv6 地址族，做好相应 Peer 配置，同步做好 IPv6 路由策略控制，即可实现 IPv6

设备穿通 IPv4 网络，进行网络三层互访。

4.2　NAT64 方案

NAT64 方案适用于 IPv6 网络与 IPv4 网络相互之间直接访问的场景，由转换器（通常是防火墙）完成协议转换工作。NAT64 由 2011 年发布的 RFC 6146 定义，并需要 RFC 6052、RFC 6145、RFC 6147 配合。其中，2010 年发布的 RFC 6052 定义 IVI(罗马数字 IV 代表 4，VI 代表 6，所以 IVI 代表 IPv4 网络和 IPv6 网络的互联互通)，2011 年发布的 RFC 6145 定义了 IPv4 报文头部和 IPv6 报文头部转换规范，2011 年发布的 RFC 6147 则定义了 DNS64 规范。

IPv4 地址与 IPv6 地址的转换类型包括无状态转换和有状态转换两类。

无状态转换采用前缀转换的方式，在转换器上定义一张 IPv4 地址 /IPv6 地址转换算法映射表，转换器根据这张算法映射表进行 IPv4 地址 /IPv6 地址转换。只要算法映射表不修改，转换前后的 IPv6 地址和 IPv4 地址的对应关系就不会变化。常用的前缀转换方式有 NAT64 和 IVI 两种。

有状态转换采用动态转换的方式，转换器需要动态调用地址池中的地址作为转换后的地址，还需要维护地址映射关系。地址映射关系也称为会话，当会话老化后，地址会被释放，以便后续给其他连接使用。

以最常见的 IPv4 局域网与 IPv6 互联网互访场景为例，说明 IPv4 局域网和 IPv6 互联网互访过程中地址转换的实现。

场景一：IPv6互联网访问IPv4局域网

在 IPv6 互联网访问 IPv4 局域网时，目的地址转换属于 1 对 1(或多对多) 映射，可以使用静态转换或前缀转换的方式。如果 IPv6 出口地址 (IPv4 地址转换的 IPv6 地址) 可以规划成 NAT64 格式，则可以使用前缀转换的方式。如果 IPv6 出口地址 (IPv4 地址转换的 IPv6 地址) 不能规划成 NAT64 格式，则只能使用静态转换的方式。在使用前缀转换的方式时，直接使用众所周知的前缀 64:ff9b::/96 或自定义前缀。

在源地址转换方面，IPv6 互联网上的 IPv6 地址数量多于 IPv4 局域网内部可规划的 IPv4 地址，IPv6 互联网访问 IPv4 局域网时的源地址转换属于大量地址到少量地址的转换，需要使用动态转换的方式。

场景二：IPv4局域网访问IPv6互联网

IPv4 局域网访问 IPv6 互联网时，同样区分目的地址转换和源地址转换。IPv4 局域网用户访问 IPv6 互联网，其目的地址是 IPv4 地址。该目的 IPv4 地址只能通过静态映射的方式转换为 IPv6 地址。在 IPv4 局域网出口上，配置 IPv4 地址到 IPv6 地址的静态映射关系，实现目的地址转换。

在源地址转换方面，根据 ISP 分配给 IPv4 局域网出口的 IPv6 地址数量的多少和格式，可以选用两种转换方式。如果 ISP 分配给 IPv4 局域网出口的是 IPv6 前缀，且该 IPv6 前缀可以规划成 NAT64 格式，则可以选用前缀转换的方式进行源地址转换。如果 ISP 分配给 IPv4 局域网出口的直接就是 IPv6 地址、地址池，或是无法规划成 NAT64 格式的 IPv6 前缀，可采用静态映射或动态转换的方式进行源地址转换。

当前网络仍处在 IPv4 网络向 IPv6 网络演进阶段，以上几种部署方案在现网中均有应用。多协议并存的情况导致了网络复杂性，限制了网络能力进一步提高。

我国近年来大力推进 IPv6 单栈部署演进，《关于加快推进互联网协议第六版（IPv6）规模部署和应用工作的通知》指出，到 2025 年末，全面建成领先的 IPv6 技术、产业、设施、应用和安全体系，我国 IPv6 网络规模、用户规模、流量规模位居世界第一位。之后再用 5 年左右时间，完成向 IPv6 单栈的演进过渡，IPv6 与经济社会各行业各部门全面深度融合应用，我国成为全球互联网技术创新、产业发展、设施建设、应用服务、安全保障、网络治理等领域的重要力量。各运营商积极响应国家要求，进行各种网络场景的 IPv6 单栈验证，进行现网 IPv6 单栈改造，逐步推动 IPv6 单栈应用。未来几年，有望在特定应用上实现端到端全 IPv6 单栈。

下　篇

　　下篇介绍 IPv6+ 技术网络创新体系，涉及网络编程技术、SFC 技术、IFIT 技术、网络切片技术、新型多播技术、感知应用技术、算力路由技术等内容。

第 5 章

IPv6+ 技术概述

IPv6+ 技术是基于 IPv6 下一代互联网的全面升级技术，包括以 SRv6、网络切片、随流检测（IFIT）技术、IPv6 封装的位索引显式复制（BIERv6）、服务功能链 / 业务链（SFC）、基于 IPv6 的应用感知网络（APN6）等为代表的协议创新，包括以网络分析、网络自愈、网络自动调优等为代表的网络智能化技术创新，在广联接、超带宽、自动化、确定性、低时延和安全等 6 个维度全面提升 IP 网络能力。

5.1　IPv6+ 技术发展

目前，国内 IPv6 部署工作已经取得阶段性成果。部署 IPv6 不是下一代互联网的全部工作，而是下一代互联网的创新起点。为了满足云网融合和 5G 承载的灵活组网、快速部署、可靠传送、确定时延、简化网络运维、优化体验等需求，我国率先开展了 IPv6+ 技术网络创新体系研究。推进 IPv6 规模部署专家委员会主任、中国工程院院士邬贺铨认为，IPv6+ 是面向 5G 和云时代的智能 IP 网络，可以满足灵活组网、业务快速开通、简化网络运维、差异化保障等承载需求。IPv6+ 技术创新发展可分为 3 个阶段，分别为网络可编程阶段、体验可保障阶段、应用驱动网络阶段。

1. 网络可编程阶段

网络可编程阶段关注 SRv6 基础特性，包括 VPN、流量工程（TE）、快速重路由（FRR）等。基于 SRv6，可以在 IPv6 网络中提供 VPN、TE、FRR 特性和部分编程能力。其中，FRR 指当物理层或链路层检测到故障时，将故障消息上报上层路由系统，并立即使用一条备份链路转发报文。网络可编程阶段在 IPv6 的基础上引入 SRv6 网络编程能力，打造 SRv6 基础能力，简化网络，实现部分自治网络、SRv6 BE 和 SRv6 TE 业务快速发放、路径控制灵活。

2. 体验可保障阶段

体验可保障阶段重点面向 5G 和云的新特性，这些新特性可以引入 IPv6 报文扩展头进行扩展，包含但不局限于网络切片、IFIT、SFC、BIERv6 等。其中，网络切片是指在 VPN 软切片或灵活以太网（FlexE）硬切片的基础上，在网络内基于 SRv6 技术形成不同的逻辑通道，以满足不同业务需求，并通过为不同的逻辑通道配置 IP 地址、带宽、亲和属性等，结合控制平面，计算出表征不同切片能力的 Policy 隧道，并使虚拟路由转发（VRF）绑定相应 Policy 隧道，以约束流量在特定的切片预留资源内进行转发。IFIT 是一种网络指标测量技术，它通过在网络业务流量中添加标识信息，来检测网络的时延、抖动、丢包等性能指标。SFC 指由一组服务功能组成的序列，为了满足用户业务安全、稳定等需求，数据报文在网络中传递时，通常要求经过指定的若干服务功能（SF）进行处理，这些 SF 通常包括深度包检测（DPI）、防火墙、入侵防御系统（IPS）、网络地址转换（NAT）等。

体验可保障阶段旨在保证用户体验，结合网络切片、IFIT、BIERv6 等技术，实现体验可视、体验最优，有条件的自治网络。

3. 应用驱动网络阶段

应用驱动网络阶段包括利用 APN6 的应用感知能力、计算优先网络（CFN）的算力资源感知能力等技术。其中，APN6 作为 IPv6+ 技术创新发展第三阶段的技术主体，在第二阶段的基础上，APN6 进一步实现网络能力与业务需求无缝结合，形成高度自治网络，它利用 IPv6/SRv6 报文自身可编程空间，将应用信息随报文进入网络，以 native 方式使网络感知到应用及其需求，从而为其提供相应服务水平协议（SLA）保障，实现应用感知、高度自治网络。

目前，我国正在 IPv6+ 技术领域多方位打造新优势。在标准方面，我国专家提供了一半以上的国际标准草案提案。在部分技术领域，国内标准已形成与国际标准齐头并进的态势。在与新应用、新场景结合紧密这一方面，国内标准创新已经走在业界前沿。在产品方面，主流厂商已推出满足 IPv6+ 技术相关标准产品。在规模应用方面，我国已有超过 100 个 IPv6+ 技术试点项目。在生态构建方面，超过 40 个产业组织、企业、研究机构已开展 IPv6+ 体系建构相关工作。在 IPv6 创新领域，还需进一步结合中国巨大网络规模和活跃用户数量，进一步整合产业链力量，从路由协议、虚拟专网、性能管理、网络智能及内生安全等方向开展技术研究、标准验证、测试评估、应用示范，不断扩展 IPv6 业务支撑能力，完善 IPv6+ 技术产业体系，为中国下一代互联网发展作出重要贡献。

5.2　IPv6+ 解决方案

5.2.1　北京冬奥会专网

中国联通作为北京 2022 年冬奥会和冬残奥会（以下简称"北京冬奥会"）的官方唯一通信合作伙伴，从北京冬奥会通信服务的规划阶段开始，就在思考如何建设一张技术简约先进、服务安全可靠、应用丰富多彩的奥运专网，为各方提供最佳的办赛、参赛和观赛体验，积极促成 IPv6+ 系列新技术首次在奥运会赛场上亮相，以充分展现中国通信产业的最新发展成果。

北京冬奥会需要在两地三赛区、87 个奥运会场馆及北京与张家口之间多条交通干线周边提供多种网络通信服务，包括共享互联网、互联网专线、"媒体 +"服务。北京冬奥会对终端接入效率、网络丢包率、网络往返时延、接入层和核心层网络可用率、网络故障恢复时间均有严格要求，并对不同等级的场馆制定了差异化的指标需求。传统 IP 网络主要采用 IPv4 MPLS 技术，在业务快速开通、确定性体验、智能运维等方面均无法满足要求。为保障北京冬奥会通信服务，中国联通建设了一张以 IPv6+ 技术为底座的北京冬奥会综合承载专网（以下简称"冬奥专网"），以 SRv6、IFIT、EVPN 等先进技术解决传统网络的痛点，实现了网络的智能、可靠、安全。

1."SRv6+EVPN"实现多业务的"零感知"接入

北京冬奥会媒体专用网络（提供"媒体＋"服务）不论是在连接数量、连接质量，还是在连接开通速度方面，都对网络提出了更高的要求，冬奥会网络必须具备以下两点以实现"任意连接"，一是业务诉求可保证满足，网络必须能够满足业务开通速度、SLA 和可靠性要求；二是连接运维更高效，在连接运维全生命周期中对连接做到可视、可管、可调。

为了实现"任意连接"，网络中的协议应该尽量少而简。一方面可以减轻设备压力，实现更多的连接；另一方面可以减少业务开通时的配置工作量，实现更快的连接开通速度；另外还可以减少定位网络故障时的工作量，更好地保障连接质量。"SRv6+EVPN"将网络协议类型简化为只有 IGP 和 BGP，并且转发平面回归 IP 转发，成为最佳承载技术方案。在协议简化和 Native IP 转发的基础上，"SRv6+EVPN"可以很方便地在各个网域中实现承载技术方案统一，实现场馆和媒体中心之间的"任意连接"，端到端 SRv6 实现业务信息只在业务创建和终止节点感知，中间节点不需要维护业务信息，提升了网络的可扩展性。

2.网络切片技术实现业务安全隔离

冬奥专网为奥运业务特地部署了"专用车道"，IPv6＋网络切片技术，在同一张物理网络上按不同的业务类型划分了不同的网络切片，不同业务独享网络切片资源，不同网络切片间实现隔离，从而满足了奥运业务安全隔离的要求。北京冬奥会期间，助力媒体记者进行赛事报道的"媒体＋"服务、互联网专线业务不会受到运动员和志愿者等其他上网流量的影响，保证高优先级业务的体验。

3."SRv6 Policy+智能管控系统"提升用户体验

为了实现任意质量的连接要求，网络必须有能力对业务 SLA 进行端到端的管理和保障。传统的 IP/MPLS 网络，只具备针对带宽优化进行局部路径规划的能力，无法满足低时延等新的业务 SLA 诉求，更无法通过对业务 SLA 进行检测，实现业务 SLA 的质差分析和路径优化。SDN 控制器和 SRv6 技术相结合，兼具全局最优和分布式智能的优势，可以实现各种流量工程，根据不同业务按需提供 SLA 保障。

"SRv6 Policy + 智能管控系统"即为这种技术创新与实践的结合。冬奥专网根据媒体专线业务的 SLA 进行路径计算，并将符合 SLA 要求的路由策略下发给网络，实现了不同业务的差异化承载，并可实时监测业务的 SLA 状况，对业务传输路径进行优化。此外，通过策略路由（PBR）可以灵活实现路径的故障备份和负载均衡，同时实现冬奥专网内的流量均衡，使出现网络拥塞的风险大大降低。

4. "IFIT+AI 运维" 提升网络质量

作为重大活动通信保障"国家队"的一员，中国联通对保障工作一直是按照稳妥可靠、万无一失的标准来要求的。依托于前期通信保障经验，建设智能管控系统平台，中国联通在冬奥专网引入了以 IFIT 为代表的 AI 辅助运维技术，能够 100% 覆盖所有链路的保护倒换。IFIT 技术通过对实际业务流进行特征标记（染色），实现了对特征字段丢包、时延等指标的实时测量。基于 IFIT+AI 运维实现了分钟级的时间颗粒度的主动感知，从被动处理式运维转变为主动预防式运维，同时实现了分钟级的 AI 辅助故障处理，从依靠运维人员分析问题转变为由 AI 辅助运维人员对故障产生的根本原因进行精准定位。

冬奥专网各方面能力和指标已远远超出奥组委的要求，中国联通用实践证明了 IPv6 + 的服务质量实时可视，也充分验证了 IPv6 + 技术在网络服务中的先进性和可落地性。中国联通基于 IPv6+ 的冬奥专网创新承载方案具备易部署、可复制、简约、高品质的优点，今后将在国内外重大活动和体育赛事中得到全面推广。

5.2.2　金融智能云网

广东联通积极推动 IPv6 部署应用和云网一体演进,在业内率先完成本地综合承载网端到端 IPv4/IPv6 双栈部署和云骨干网 SRv6 能力部署,并基于 IPv6 + 技术底座,构建智能云网解决方案,打造出业内首个基于 IPv6 + 的金融智慧安防行业专网。

1. 背景

根据数字化转型需要,某银行将进行智慧安防管理平台建设,涉及分行、支行、微银行、自助银行、离行自助柜等约 450 个节点,对网络提出了以下诉求。

① 质量要求:毫秒级低时延保障,超低的丢包率、抖动和包误差率。

② 多点互访要求:支行与网点、支行与分行、支行与支行之间能够互相访问。

③ 高可靠性要求:关键节点具备线路和设备冗余备份,实时进行故障监测、设备保护。

④ 高安全性要求:业务采取严格 VPN 安全策略,银行业务数据和公共互联网数据严格隔离。

⑤ 运维可视要求:支持在线可视化管理,实现实时查询、每月提供链路使用报告、对故障快速定位定界;实时查询对象包括但不限于链路利用率、时延和丢包率。

⑥ 快速扩展要求:具备快速可扩展能力,能适应银行网络结构的变化,具有灵活的伸缩能力,满足业务发展的需要。

⑦ IPv6 能力要求:根据国家和人民银行要求,优先部署 IPv6 网络。

而运营商传统网络存在以下痛点,难以满足客户数字化转型场景诉求。

① 现网新旧设备混合组网,端到端业务开通方案需要迁就老旧设备,导致开通方案复杂,端到端业务保障能力差,难以通过接口向上层系统开放。

② 现网多厂家混合组网,运营商和设备商合作开发新技术应用时,通常受

限于多厂家设备解耦问题，短期内只能进行局部或者试点应用，无法快速规模部署。

③ 为满足组网安全性要求，骨干节点间采用多链路多路由组网，不同链路时延差别较大，传统业务方案通常采用自动负载均衡机制，无法按照业务诉求进行时延选路，无法满足特定业务尤其是系统云化后的时延诉求。

传统运营商由上层应用需求驱动 IT 系统建设，多种应用系统直接对接管控系统，实现网络能力开放。在这种架构下，面对同类客户诉求，往往需要多个系统重复开发适配，这将导致重复开发投入大，交付周期也延长。

综合银行诉求和银行自身存在的痛点，广东联通进行了网络架构体系创新、协议应用创新和开放编程创新，基于 SRv6 技术，结合 EVPN 和 IFIT，满足行业客户诉求，实现灵活网络接入、时延按需随选、VPN 安全隔离、分钟级快速扩展、运维可视化、智能故障定位精确等。

2. 技术方案

（1）功能和架构

基于 IPv6+ 的智能云网解决方案已于 2021 年实现商用部署，在业界也引起了强烈反响，为推动 IPv6+ 新技术应用落地、促进行业数字化转型提供了巨大助力。图 5-1 所示为基于 IPv6+ 的智能云网解决方案架构。该方案通过网络层、管控层、协同层和应用层，共同构建基于 IPv6+ 的新一代智能云网运营支撑架构。

图 5-1 基于 IPv6+ 的智能云网解决方案架构

网络层，在城域内的本地综合承载网和跨城域的云骨干网部署 IPv4/IPv6 双栈，CPE（用户驻地设备）和云骨干网设备使能 SRv6 能力，应用 EVPN 实现统一的二层、三层 VPN 能力。该方案通过 CPE 源端使能 SRv6 和本地综合承载网实现全面 IPv4/IPv6 双栈部署，实现 CPE 与大网设备解耦，SRv6 CPE 可同时接入本地综合承载网中的新旧设备；同时又通过云骨干网设备使能 SRv6，结合时延选路方案部署，具备骨干段时延选路能力；整体达到 CPE 快速接入、骨干段时延保障的效果，快速实现各类云网业务的敏捷交付和时延保障。

管控层，利用网络控制器多因子算路，提供灵活的路径调优功能，实现不同入云路径时延可视、路径随选和自动保障；引入自主可编程平台，进行 IPv6+ 业务自主开发，实现新业务敏捷交付；利用 IFIT 从客户视角还原业务路径，实现租户级 SLA 指标可视、可追溯、可销售；同时全面具备开放的北向接口，对上层系统开放各类网络能力。

协同层，自主开发云网协同器，对接各网络控制器和上层应用系统，对各类云网业务进行统一编排、转换，将不同网络原子能力组合成为业务原子能力，并通过统一北向接口对不同应用层系统进行开放。

应用层，对客户轻量级网管小程序进行升级，提供用户自服务统一入口，提升客户服务体验。实现售前云网业务一站式订购，资源可视可选；售中安装即开通、交付流程可视；售后服务质量可视、自助故障诊断。

（2）实现方案

① 设计思路：一个完善的基于 IPv6+ 的解决方案，不仅能够解决特定场景中的单点问题，而且能够围绕 IPv6+ 技术优势，打造完整架构体系，具备广泛应用、差异化优势及可扩展演进等特点。基于 IPv6+ 的智能云网解决方案在各方面设计上均满足以上要求。

网络部署方面，智能城域网和 IPRAN 分别是中国联通面向 5G 时代和 4G 时代移动回传业务，同时兼顾政企行业专网业务的承载网。考虑到各方因素，广东联通采取智能城域网和 IPRAN 一张网的建设演进方案,构建本地综合承载网。虽然此方案比独立建设两张网更具备"泛在接入"的优势,但因不同厂家设备、新旧设备间的能力差异较大,难以支持逐跳 SRv6 能力。

智能云网解决方案可充分发挥 SRv6"源路由"的优势。在本地综合承载网中全面部署 IPv6,在 CPE 源端启用 SRv6,中间段落采用 IPv6 穿透能力和 SRv6 选路能力相结合,确保现网新旧设备支持 SRv6 方案接入,解决方案只能在局部落地的问题,后续可根据设备迭代升级逐步演进 SRv6 到边缘。二层、三层业务统一使用 EVPN 承载,进一步简化协议,启用 IFIT 以提升业务质量保障能力。

随着数字化转型越来越深入,行业用户对网络的需求已经不仅仅是高带宽和高可靠性。广东联通关注行业需求变化,主动打造时延选路差异化能力。考虑到在业务端到端时延中,城域内时延占比较小,跨城域时延占比较大。因此方案在满足泛在接入需求后,充分发挥 SRv6"网络可编程"的优势,在跨城域的云骨干网上使能逐跳 SRv6 能力,部署 SRv6 Policy 时延选路方案,打造云骨干网时延选路和保障能力,适配不同业务时延选路需求,构建与传统方案不同的差异化优势。

② 技术实现:广东联通本地综合承载网全部部署 IPv6,具备端到端 IPv6 能力,业务接入只需要在端侧部署 CPE、使能 SRv6、启用 L3EVPN,就能在城域内打通基于 IPv6+ 的 L3EVPN。对于跨城域的互访需求,考虑到城域之间存在优选低时延路径的需求,利用省内云骨干网的 SRv6 能力,可按照需求适配 SRv6-TE 的时延选路。使用业务 RR 保障客户业务隔离,确保业务安全。配置端到端 IFIT,可满足全部网络业务和质量诉求。图 5-2 所示为智能云网解决方案技术实现。管控层使用网络控制器管理控制 CPE、智能城域网设备和云骨干网设备,使用自主可编程平台进行业务配置下发。相应管控系统对接云网协同器,实现网络能力开放,通过轻量级网管小程序(智网通)对客户进行呈现。

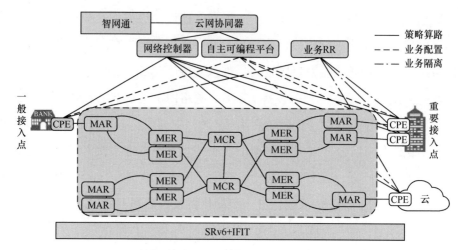

图 5-2　智能云网解决方案技术实现

接下来，分层进行技术实现说明。

● 网络层解决方案具体如下。

灵活接入：通过本地综合承载网承载，在 CPE 与本地综合承载网的接入设备之间部署 IPv6 静态路由，保证 CPE 与远端 CPE 及业务 RR 之间的 IGP 路由可达，以支持 BGP 邻接关系及 SRv6 隧道建立；CPE 与业务 RR 建立 3 个 BGP 地址族邻接关系：BGP-LS 用于传递业务路径相关基础信息；SRv6 Policy 用于从网络控制器接收下发的算路策略；BGP-EVPN 用于业务路由信息传递，可满足 L3EVPN 专网部署。

业务隔离：由于 EVPN 业务需要通过 BGP 传递路由信息，因此必须有业务 RR 与 CPE 网元建立 BGP 邻接关系；云骨干网已部署一对骨干业务 RR，可支撑跨地市专线业务发放，各地市设置一对本地业务 RR，专用于本地业务开通。本地业务 RR 与省级业务 RR 建立 BGP 邻接关系。

可靠性保障：一般分支接入点使用单 CPE 与客户设备互通，建立 EBGP 邻接关系或者静态路由；重要（核心）节点使用双 CPE 接入，每 CPE 上联到不同智能云网设备（MAR 或 MER），分别建立 EBGP 邻接关系，确保业务可靠性，如图 5-3 所示。

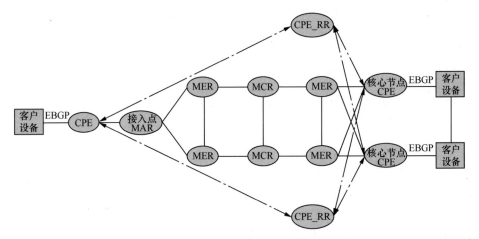

图 5-3　智能云网解决方案网络层组网示意

● 管控层解决方案具体如下。

策略算路：管控层通过各厂家控制器纳管本地综合承载网网元及云骨干网网元、CPE 网元、业务 RR，完成 SRv6 端到端隧道算路；针对区域内所有链路，使能双向主动测量协议（TWAMP）测量实例，并通过 BGP-LS 上报，在网络控制器内形成区域内所有链路的时延地图；对于有时延选路要求的业务，网络控制器根据上层系统下发的时延约束，依据时延地图计算出满足要求的路径，并通过 SRv6 Policy 下发到网络。

业务运营保障：基于 IPv6+ 的智能云网解决方案在已有传统告警、性能采集等功能的基础上，启用 IFIT，具备业务端到端性能监测能力，可通过网络控制器对网络业务进行实时逐跳检测，实时呈现业务路径和业务状态，实时定位业务丢包节点／链路，可提升业务运营保障水平。

● 协同层、应用层解决方案具体如下。

面向客户，构建云网协同器＋客户轻量级网管小程序架构，针对售前、售中、售后场景进行端到端流程拉通，完成系统对接、子流程设计和版本迭代优化，最终为客户提供卓越服务体验。其中，在售前阶段，只需客户提供起止端地址，即可自动查找资源，计算满足客户需求的路径，并在 App 上实现端到端业务路径呈现，时延、带宽等信息一目了然。在售中阶段，实时网络资源可视可查，业务开通时长可预估、可承诺；CPE 即插即用，连接自动打通；客户订单流程可视可查，交付过程直观化；客户能快速完成装机、拆机等业务，实现业务快速开通等要求，减少中间环节断点，实现业务流程自动化。在售后阶段，客户业务质量可视可查，自助带宽调速、路径调优，根据客户使用情况，智能推荐升级产品。

3. 创新实用性

（1）架构体系创新

通过构建由网络层、管控层、协同层和应用层组成的架构、开发云网协同器，实现 IPv6＋网络能力"池化"管理、标准化封装，以 Web 页面、小程序和北向接口等形式与用户交互，实现用户业务售前、售中、售后服务在线化。

（2）协议应用创新

网络部署方案方面，利用 IPv6+SRv6"源路由""网络可编程"特性，快速实现 IPv6 全网部署和 SRv6 按需部署。业务方案方面，采用 Overlay 方案的 SRv6 BE 和 Underlay 方案的 SRv6 Policy 相结合，既能实现灵活接入，又能满足特定行业时延可选的需求。业务售后保障方面，启用 IFIT 实现业务端到端路径、时延和业务质量可视，降低网络运维的复杂度和难度。

（3）开放编程创新

广东联通对 IPv6＋技术方案管控层进行模块分解，并在配置模块中引入华为 iMaster NCE AOC 开放可编程平台，结合广东联通维护人员自主开发能力，实现南向多厂家解耦和北向接口自动生成，解决设备商管控系统无法解耦、软件版本迭代周期长等问题，实现运营商和设备商协同创新。

（4）易部署性、可实施性和可扩展性

广东联通用时不到一年，就实现了全省本地综合承载网近 3 万个终端设备 IPv6 部署，使能省内云骨干网 46 个终端设备 SRv6 能力，完成时延选路方案的整体设计、部署、对接和上线。同时通过协同层和应用层的构建，广东联通云网业务在线服务能力得到大幅提升。

第 6 章

IPv6+ 网络编程技术

网络编程的概念源于计算机编程，它将网络功能指令化，即将业务需求翻译成有序的指令列表，由沿途的网络设备去执行，并可以在任意时间重新编排任意数据报文的传输路径，提高网络的灵活性。IPv6+系列技术具备天然优势，IPv6可扩展报文头具有良好的可扩展性和可编程能力，其中，逐跳选项头（HBH）、目的选项头（DOH）、路由头（RH）均存在可编程空间，可用来携带信息，实现"源路由"功能。

6.1 SRv6 技术背景

6.1.1 SRv6 与网络编程

在传统网络设备中，硬件、操作系统和应用紧密耦合，组成一个封闭整体，即设备数据平面和控制平面无法解耦、捆绑销售。不同厂商的控制平面无法控制其他厂商的数据平面。若需增加设备新特性，往往需要将数据平面和控制平面同步升级。另外，传统IP网络缺乏网络顶层视角，不能及时获得网络全局流量特征，无法据此制定调整策略。业务上线、业务策略调整等行为无法从网络顶层视角自上而下快速响应。

为了解决上述问题，SDN横空出世，它借鉴了计算机领域的通用硬件、软件定义和开源理念，将IP网络作为整体，提出网络控制平面和数据平面相分离的概念。数据平面更加通用化、简单化，无须实现各类复杂的网络协议，仅需从控制平面接收指令并执行。控制平面允许用户自定义功能，可通过控制器编程，实现网络配置自定义、网络管理、业务按需定制等功能。

在与已有网络结合的同时，如何提供网络编程功能？这是SRv6所考虑的问题。SRv6 采用"源路由"的概念，在路径的起点向数据报文插入路径信息和指令信息，报文传输途经设备依据路径信息对报文进行转发，依据指令信息进行报文封装、报文解封装、报文查表转发、终止指令等操作。在控制平面，转发设备没有选择完全通用化的设备，仍然保留了协议能力和部分状态信息。中心控制器具有全局统筹能力，采用分布式智能 + 中心控制器方案。在数据平面，SRv6 地址格式与 IPv6 地址格式完全一致，不支持 SRv6 的设备可以依据外层 IPv6 报文头查表转发。总之，SRv6 虽然没有技术革新，但充分考虑了现网兼容性，具有良好的演进基础，这极大地推动了 SRv6 协议落地和规模化部署。

6.1.2　SRv6 与 MPLS

20 世纪 90 年代中期，路由器技术发展缓慢，远远滞后于网络发展速度，主要原因是当时路由查找算法使用最长匹配原则，必须使用软件查找，每一跳都会分析 IP 报文头，转发效率低下，无法提供 QoS 保证。为了解决 IP 技术转发效率低问题，MPLS 技术应运而生，并在 VPN、TE 和 QoS 保证等方面得到广泛应用。

在控制平面上，MPLS 有几种标签分发协议，如标签分发协议（LDP）、基于流量工程的资源预留协议（RSVP-TE）和基于 MPLS 的段路由（SR-MPLS，简称 SR）。

LDP 是用于标签分发的一种控制协议，通过逐跳的方式在沿途设备间建立标签交换路径（LSP），对基于 IGP 计算的路由进行标签分发。在标记交换路由器（LSR）之间形成特定转发等价类（FEC）的入标签、下一跳节点、出标签等信息的关联表，从而形成 LSP。

RSVP-TE 可以解决 LDP 不支持流量工程的问题，并可作为 MPLS 流量工程场景的控制平面。RSVP-TE 基于 RSVP 进行 TE 扩展，通过扩展对象，使其支持 TE 相关属性，实现基于约束的 LSP 建立和删除。RSVP-TE 引入了"源路由"概念，在源节点就会计算出完整的每一跳路径。

SR-MPLS 是一种基于"源路由"理念设计、基于 MPLS 转发平面的转发数据报文协议。SR-MPLS 使用控制器或者 IGP 进行路径计算和标签分发,不再额外引入标签分发协议(如 LDP、RSVP-TE)作为隧道协议。SR-MPLS 将报文转发路径切割成不同的分段,然后在路径源节点将分段信息置入报文,以指导转发。相较于传统隧道协议,SR-MPLS 简化了控制平面,在引入路径控制的同时,减少了网络设备状态信息的传输,使得网络设备不再需要维持庞大的链路状态数据库(LSDB),从而减轻网络负担。

在控制平面方面,SRv6 与 SR-MPLS 较为类似,也采用控制器或 IGP,集中进行算路和标签分发,但分发的标签有所不同。SR-MPLS 分发的标签与 MPLS 标签一致,报文长度均为 32 位,其中 label(标签)字段长度为 20 位;标签与路由通过映射关系进行关联,标签不具备路由信息。SRv6 分发的标签格式与 IPv6 地址格式类似,报文长度为 128 位,由路径信息和指令信息组成,具有路由含义。SRv6 标签空间远远大于 SR-MPLS 标签空间。

6.1.3　SRv6 技术优势

1. 简化网络协议

采用 MPLS 作为隧道层面技术时,需要依靠 LDP 或 RSVP-TE 来完成控制平面标签分发;而采用 SRv6 时,只需要通过 IGP 和 BGP 的扩展,即可完成控制平面标签分发,无须额外的控制平面协议。在业务层面,可以采用 SRv6 SID 标识业务,代替 MPLS 标签,同时可引入 MPLS 标签所不具备的路由信息,简化 MPLS 标签与路由信息间的关联关系。

2. 强大的编程能力

SRv6 具有强大的编程能力,这主要体现在其具有的 3 层可编程空间。第 1 层,通过灵活组合 SID 进行路径编排,将组合后的 SID 置入段路由扩展报文头(SRH),实现业务的显式路径编程;第 2 层,自定义 SID 的结构和功能,灵活分配 SID 内的 Locator、Function 和 Arguments 字段，提升可扩展性；第 3 层，自定义 Optional TLV，用于进一步的自定义功能。

3. 良好的兼容性

SRv6 SID 与 IPv6 地址具有相同格式，SRv6 报文与普通 IPv6 报文具有相同报文头，任何设备都可以按照 IPv6 路由表路由 SRv6 报文。一方面，SRv6 基于 Native IPv6 进行转发这一属性使网络更容易向支持 SRv6 演进。Native IPv6 指的是纯 IPv6 网络，没有 IPv4 地址的网络。现网中，面对有 SRv6 需求的节点可优先部署 SRv6，面对普通节点则保持 IPv6 转发，逐步完成网络节点改造，使网络平滑演进至支持 SRv6。另一方面，如前所述，终端设备支持 SRv6，中间路由设备可暂不支持，这样更容易支持跨域场景。传统跨域场景需要采用 Option A/B/C 等方案，配置复杂、不易运维；采用 SRv6 后，在跨域节点上，只需要按照报文头的目的地址进行 IPv6 路由即可，简化跨域方案。

4. 适合大规模部署

MPLS 标签报文长度为 32 位，其中标签字段长度为 20 位，标签空间有限。对于 SR-MPLS 而言，需要统一规划和维护全网 SID，标签空间捉襟见肘。而 SRv6 使用长度为 128 位的 IPv6 地址的格式值作为 SID，相较于 SR-MPLS 的 SID，SRv6 的 SID 长度更长，可以根据网络、设备分配前缀，有益于路由聚合，更适合运营商网络全局规划部署。

5. 超高可靠性

SRv6 能够提供与拓扑无关的无环路备份（TI-LFA）、中间节点保护和防微环等保护技术，几乎覆盖全部故障场景，能够针对各类故障场景提供保护路径，实现任意拓扑 50ms 本地保护。

6.2 SRv6 技术概述

6.2.1 SRH 结构

IPv6 报文由 IPv6 基本报文头（IPv6 Header）、IPv6 负载（IPv6 Payload）及插入二者之间的若干 IPv6 扩展报文头组成。SRH 是在 IPv6 RH 中新增的一种类型，支持基于 IPv6 转发平面实现分段路由（SR），其 Routing Type（路由类型）为 4。IETF 在 RFC 8754 中对 SRH 的报文结构及用法进行了详细定义。RFC 8754 中定义的 SRH 结构示意如图 6-1 所示。

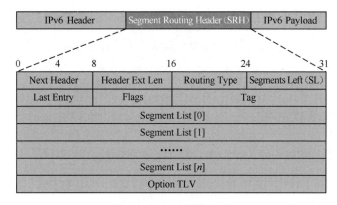

图 6-1 SRH 结构示意

SRH 各字段解释如表 6-1 所示。

表 6-1 SRH 各字段解释

字段名	长度	含义
Next Header	8位	标识紧跟在SRH之后的报文头类型
Header Ext Len	8位	SRH头部的长度，不包括前8字节（前8字节为固定长度）的SRH的长度
Routing Type	8位	标识路由扩展报文头类型，类型为4

续表

字段名	长度	含义
Segments Left	8位	剩余的Segment数量，标识到达目的节点前仍然应当访问的中间节点数
Last Entry	8位	在段列表中指示最后一个元素的索引，用于判断是否携带Option TLV
Flags	8位	数据报文的一些标识
Tag	16位	标识同组数据报文，如携带相同的属性组的报文
Segment List	128位	段列表，采用IPv6地址形式。从路径的最后一段开始编码。最后一个Segment在Segment List的第一个位置（Segment list[0]），第一个Segment在Segment List的最后位置（Segment list[n]）
Option TLV	长度可变	可选TLV部分，如Padding TLV和HMAC（哈希运算消息认证码）TLV

SRv6 通过 Segment List 实现对网络节点的有序排列，构成 SRv6 显式路径。在 SRv6 中，目的 IPv6 地址字段不断变化，由 Segments Left 和 Segment List 字段共同决定目的 IPv6 地址。Segments Left 是一个指针，指向当前活跃的 Segment List，其最小取值是 0，最大值是 Segment List 的个数减 1。当 Segment Left 指向一个活跃的 Segment List，如此处的 Segment List[3] 时，需要将 Segment List[3] 的 IPv6 地址复制到目的 IPv6 地址字段。

6.2.2　SRH 可编程空间

计算机通过指令集实现计算功能，网络指令是实现网络可编程的基础，需要定义网络指令集，以实现网络路由和转发等相关功能。设计 SRv6 网络编程时，需要定义网络指令——SRv6 Segment。SRv6 Segment 的标识称为 SRv6 SID，它采用长度为 128 位的 IPv6 地址形式呈现，具备标签空间充足、全网唯一、任意点可达等优点。SRv6 在起始节点对路径进行排列组合，形成 Segment List，并对不同功能的段进行排列组合，实现对路径的编程，满足不同业务对服务质量的差异化要求。

SRv6 Segment 示意如图 6-2 所示。如前文所述，SRv6 具备 3 层可编程空间。多个 SID 可以灵活组合形成 Segment List，即一条 SRv6 路径，使能网络路径可编程。长度为 128 位的 Segment 可以被灵活分为多段，每段的功能和长度都可以自定义，具备灵活编程能力。SRv6 SID 可自定义，每个 SRv6 SID 相当于一条网络指令，通常由 3 部分组成，从高位到低位依次是 Locator、Function 和 Arguments 字段。Locator 字段长度为 X、Function 字段长度为 Y、Arguments 字段长度为 Z，均可灵活分配，总长度不超过 128 位。当总长度小于 128 位时，剩余部分用 0 填充。

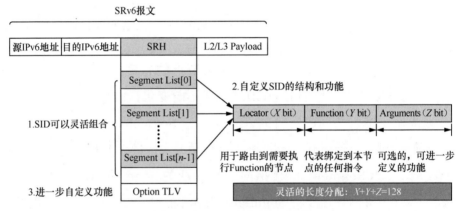

图 6-2　SRv6 Segment 示意

Locator 是分配给一个网络节点的标识，它具有定位功能，能指导报文进行寻址转发、路由到定义该 SID 的网络节点，因此在一个 SRv6 域内 Locator 要保证唯一。此外，Locator 长度可变，可以适配不同规模的网络。Locator 还可以分为 Block 和 Node ID，其中 Block 是 SRv6 SID 的公共前缀，在同一场景下都相同，Node ID 是用于描述网络节点的 ID。Function 代表 SRv6 SID 的生成节点要执行的指令，即设备要执行的特定转发动作，不同的转发行为由不同的 Function 来表达。Arguments 是可选字段，作为 Function 的补充，可以进一步按需定义报文的流和服务等信息。

Option TLV 具备良好的可扩展性，可以用于自定义功能，还可以携带长度可变数据，如加密信息、认证信息和性能检测信息等。

6.2.3　SRv6 指令集

SRv6 SID 指示了与该 SID 关联的行为与参数。用户可以灵活利用 SRv6 网络可编程能力，定义与业务相关的 SID 行为。

SRv6 网络设备基本上分为 3 类，即 SRv6 头节点、中间节点、SRv6 尾节点。

SRv6 头节点：生成 SRv6 报文的头节点，头节点将数据报文引导到 SRv6 Segment List 中，如果 SRv6 Segment List 只包含单个 SID，并且无须在 SRv6 报文中添加信息或 TLV，则将 SRv6 报文的目的 IPv6 地址字段设置为该 SID，可以不封装 SRH。头节点可以是生成 IPv6 报文且支持 SRv6 的主机，也可以是 SRv6 域的边缘设备。

中间节点：中转节点为在 SRv6 报文转发路径上不参与 SRv6 处理的 IPv6 节点，即中间节点只执行普通的 IPv6 报文转发。当中间节点接收到 SRv6 报文以后，会解析 SRv6 报文的目的 IPv6 地址字段。如果目的 IPv6 地址既不是本地配置的 SRv6 SID，也不是本地接口地址，则中间节点将 SRv6 报文当作普通的 IPv6 报文、按照最长匹配原则查找 IPv6 路由表，再进行处理和转发，不处理 SRH。中间节点可以是普通的 IPv6 节点，也可以是支持 SRv6 的节点。

SRv6 尾节点：在 SRv6 报文转发过程中，节点接收的报文的目的 IPv6 地址是本地配置的 SRv6 SID，则该节点被称为 SRv6 尾节点。该节点需要处理 SRv6 SID 和 SRH。

1. SRv6 常用的端点功能

SRv6 定义了很多指令行为，每个 SID 都与一个指令绑定。每个指令都由一个或多个原子功能组合而成，用于告知节点在处理 SID 时需要执行的动作。SRv6 常用的端点功能如表 6-2 所示。

表 6-2　SRv6 常用的端点功能

指令	标识	转发动作	应用场景
End SID	标识网络中的某个目的地址前缀	End是最基础的执行指令，表示当前指令的终止，开始执行下一个指令。对应的转发动作是将SL的值减1，把下一个SID复制到目的IPv6地址中，进行查表转发	前缀SID（标识某个目的地址前缀），指定节点转发
End.X SID	标识网络中的某条链路	根据指定出接口转发报文	邻接SID，指定出接口转发
End.DX6 SID	用于标识网络中的某个IPv6下一跳地址	解封装为IPv6报文，向指定的IPv6三层邻接口转发	L3VPNv6场景，解封装为IPv6报文，通过指定邻接口转发到CE
End.DX4 SID	用于标识网络中的某个 IPv4下一跳地址	解封装为IPv4报文，并且将解封后的IPv4报文通过该SID绑定的三层接口转发给特定下一跳地址	L3VPNv4场景，解封装为IPv4报文，通过指定邻接口转发到CE
End.DT6 SID	用于标识网络中的某个IPv6 VPN实例	解封装为IPv6报文，并且通过查找IPv6 VPN实例路由表进行转发	L3VPNv6场景
End.DT4 SID	用于标识网络中的某个IPv4 VPN实例	解封装为IPv4报文，并且通过查找IPv4 VPN实例路由表进行转发	L3VPNv4场景
End.DT46 SID	用于标识网络中的某个IPv4 VPN实例或IPv6 VPN实例	解封装为IPv4或IPv6报文，并且通过查找IPv4 VPN实例或IPv6 VPN实例路由表进行转发	L3VPNv4/L3VPNv6场景
End.DX2 SID	标识二层交叉连接的SID，标识一个端点	解封装为相应报文，从指定的二层出接口转发	L2VPN：EVPN VPWS场景

2. 增强End系列指令的附加行为

附加行为是可选项，用于增强 End 系列指令的执行动作，满足更丰富的业务需求。常用的附加行为及功能如表 6-3 所示。

表 6-3　常用的附加行为及功能

附加行为	英文全称	功能简述
PSP	Penultimate Segment POP of the SRH	倒数第二个Endpoint节点弹出SRH
USP	Ultimate Segment POP of the SRH	最后一个Endpoint节点弹出SRH
USD	Ultimate Segment Decapsulation	最后一个Endpoint节点解封装外层IPv6报文

3. SRv6 Policy头节点行为

SRv6 Policy 头节点行为不与 SID 绑定。表 6-4 列出了一些常用的 SRv6 Policy 头节点行为。

表 6-4　常用的 SRv6 Policy 头节点行为

头节点行为	英文全称	功能简述
H.Insert	SR Headend with insert SRH	为接收到的IP报文插入SRH，并进行查表转发
H.Insert.Red	SR Headend with reduced SRH	为接收到的IP报文插入Reduced SRH，并进行查表转发
H.Encaps	SR Headend with Encapsulation in an SRv6 Policy	为接收到的IP报文封装外层IPv6报文头与SRH，并进行查表转发
H.Encaps.Red	H.Encaps with Reduced Encapsulation	为接收到的IP报文封装外层IPv6报文头与Reduced SRH，并进行查表转发
H.Encaps.L2	H.Encaps Applied to Received L2 Frames	为接收到的二层报文封装外层IPv6报文头与SRH，并进行查表转发
H.Encaps.L2.Red	H.Encaps.Red Applied to Received L2 Frames	为接收到的二层报文封装外层IPv6报文头与Reduced SRH，并进行查表转发

6.2.4　SRv6 报文转发流程

在转发层面，如果一个节点支持 SRv6，且出现在 Segment List 中，此时需要处理 SRH，将 Segments Left 减 1，将指针指向新的活跃 Segment Left，然后将 SID 复制到目的 IPv6 地址字段中，最后向下一个节点转发报文。当 Segments Left 字段减为 0 时，节点可以弹出 SRH，然后对报文进行下一步处理。对于不支持 SRv6 的节点，依据目的 IPv6 地址字段，按照最长匹配原则查找 IPv6 路由表，进行普通的 IPv6 报文转发。

SRv6 报文转发流程如图 6-3 所示。假设需要从主机 1 将某报文转发到主机 2，主机 1 将报文发送给节点 R1 处理。节点 R1、节点 R2、节点 R4、节点 R5 均支持 SRv6，节点 R3 不支持 SRv6，只支持 IPv6。可以在头节点 R1 上进行网络编程，使报文经过 R2-R3 链路、R3-R4 链路，送达节点 R5，由节点 R5 送达主机 2。

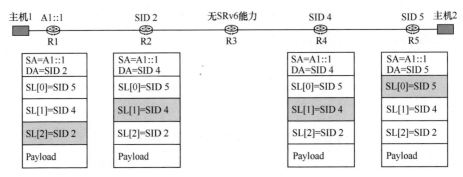

图 6-3　SRv6 报文转发流程

SRv6 报文转发流程分为以下几步。

① 头节点 R1 将 SRv6 路径信息封装在 SRH 中，指定 R2-R3 链路、R3-R4 链路的 SID，封装节点 R5 发布的 SID 5，共计 3 个 SID，按照逆序形式压入 SID 序列中。节点 R1 的 Segments Left=2，将 Segment List[2]（SL[2]）的值 SID 2 复制到目的 IPv6 地址字段中，按照最长匹配原则查找 IPv6 路由表，将其转发到节点 R2 处。

② 报文到达节点 R2，节点 R2 查找本地 SID 表（存储本节点生成的 SRv6 SID 信息），命中自身的 SID，执行 SID 对应的指令动作。Segments Left 值减 1，并将 Segment List[1]（SL[1]）的值 SID 4 复制到目的 IPv6 地址字段中，同时将报文从 SID 绑定的链路（R2-R3 链路）发送出去。

③ 报文到达节点 R3，节点 R3 无 SRv6 能力，无法识别 SRH，按照正常 IPv6 报文处理流程，根据最长匹配原则查找 IPv6 路由表，将其转发到当前目的地址所代表的节点 R4。

④ 节点 R4 收到报文后，根据 SID 4 查找本地 SID 表，命中自身的 SID，Segments Left 值减 1，将 Segment List[0]（SL[0]）的值 SID 5 复制到目的

IPv6 地址字段中，并将报文发送出去。

⑤ 节点 R5 收到报文后，根据 SID 5 查找本地 SID 表，命中自身的 SID，执行对应的指令动作，解封装报文，去除 IPv6 报文头，通过查找 IPv4 VPN 实例路由表进行转发，最终将报文发送给主机 2。

6.2.5　SRv6 BE 工作原理

SRv6 有两种工作模式——SRv6 BE 和 SRv6 TE，这两种工作模式都可以用来承载传统业务，如 L3VPN、EVPN L3VPN 等。SRv6 BE 适用于对路径规划无特殊要求的业务（如普通上网业务），只基于 IGP 最短路径和 BGP 最优路由来自动计算路径。而 SRv6 TE 则通过网络控制器来规划特定路径，适用于对路径 SLA 有高要求的业务。

SRv6 BE 工作流程如图 6-4 所示，主要包含路由发布和数据转发两个阶段。

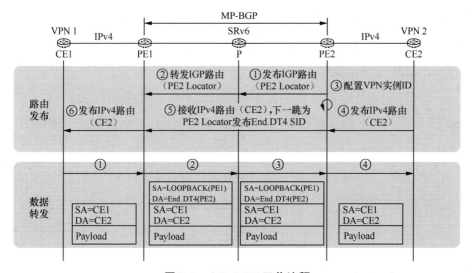

图 6-4　SRv6 BE 工作流程

1. 路由发布阶段

① PE2 配置 Locator，通过 IGP 将 SRv6 SID 对应的 Locator 网段路由发布给 P。

②P 将从 PE2 接收到的路由转发给 PE1，PE1 将该路由添加到自己的 IPv6 路由表。

③PE2 在 Locator 范围内配置 VPN 实例 SID，生成 Local SID 表。

④CE2 向 PE2 发布 IPv4 路由。

⑤PE2 接收到 CE2 发布的 IPv4 路由后，将其转换成 BGP VPNv4 路由，通过 BGP 邻接关系发布给 PE1，此路由携带 SRv6 VPN SID，即 VPN 实例 ID。

⑥PE1 接收到 BGP VPNv4 路由后，将其交叉到对应的 VPN 实例路由表中，然后转换成普通 IPv4 路由，对 CE1 发布。

2. 数据转发阶段

①CE1 向 PE1 发送 IPv4 报文。

②PE1 查找对应的 VPN 实例路由表，匹配目的 IPv4 前缀，查找到关联的 SRv6 VPN SID 及下一跳信息，使用 SRv6 VPN SID 作为目的地址封装成 IPv6 报文，按最短路径原则将 IPv6 报文转发至 P。

③P 按最短路径原则将 IPv6 报文转发到 PE2。

④PE2 查找本地 SID 表，匹配 End.DT4 SID 对应的转发动作，去除 IPv6 报文头，根据 SID 匹配 VPN 实例，通过查找 VPN 实例路由表将 IPv6 报文转发到 CE2。

SRv6 BE 仅使用一个 SID 来指引将报文转发到生成该 SID 的父节点处，并由该父节点执行 SID 指令。SRv6 BE 只需要在网络源节点和目的节点部署，中间节点仅需支持 IPv6 报文转发即可，这种方式对于部署普通 VPN 具有独特优势。

6.2.6　SRv6 TE 工作原理

为了实现 SRv6 TE（段路由流量工程），产业界提出了 SRv6 TE Policy 框架，SRv6 TE Policy 支持 SR-MPLS 和 SRv6 两种业务路径策略。SRv6 TE Policy 提供了灵活的转发路径选择方法，可以满足用户不同的转发需求。当在 SRv6 网络头节点和尾节点之间存在多条路径时，合理利用 SRv6 TE

Policy 选择转发路径，不仅有利于网络管理和规划，也可以减轻设备转发压力。SRv6 TE 利用 SR 源路由机制，在源节点封装一个有序指令列表，指导报文穿越网络。SRv6 TE 的算路结果可以是严格的显式路径（每一跳都会指明从本路由器的哪个接口出去）；也可以是松散的显式路径（部分节点仅指明下一跳的 SRv6 路由器，并未指定出口链路）。在严格模式下，每一跳的目的节点都需要支持 SRv6；在松散模式下，可以兼容尚未支持 SRv6 的普通 IPv6 节点，更容易实现 SRv6 的增量部署，更适于 IPv6 网络向 SRv6 网络分步演进。

SRv6 TE Policy 是建立 SRv6 TE 隧道的一种方式，它由 Headend、Color、Endpoint 三元组标识。SRv6 TE Policy 示意如图 6-5 所示，其中 Color 对应一组 SLA 要求，如网络时延、带宽、丢包率等信息组合，用于在相同的源节点和目的节点之间区分多个 SRv6 TE Policy，控制器可以根据 Color 来规划满足 SLA 要求的路径。

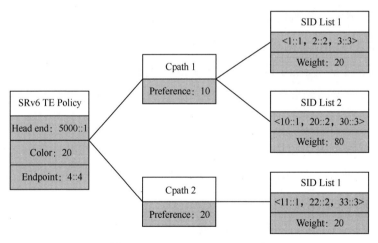

图 6-5　SRv6 TE Policy 示意

SRv6 TE Policy 具备至少一条候选路径（Cpath），每条候选路径均由一个 Segment List(SID List) 或多个带权重的 Segment List 来指定业务传输路径。在 SRv6 TE Policy 选择某条候选路径后，会根据 Segment List 的权重，在候选路径的多个 Segment List 间进行负载均衡。

SRv6 TE Policy 的创建方式有如下两种。一种是通过手工创建命令行，即手工配置候选路径、候选路径的优先级、候选路径的 Segment List 及其权重；另一种是通过 SRv6 TE Policy 路由学习。MP-BGP 定义了新的子地址族——BGP IPv6 SR Policy 地址族，新增了 SRv6 TE Policy NLRI，即 SRv6 TE Policy 路由（BGP IPv6 SR Policy 路由）。SRv6 TE Policy 路由包含 SRv6 TE Policy 相关配置，如 Headend、Color、Endpoint、候选路径优先级、Segment List 和 Segment List 的权重等。在设备间建立 BGP IPv6 SR Policy 对等体后，设备可以将本地配置的 SRv6 TE Policy 通过 SRv6 TE Policy 路由发布到对端设备；对端设备根据接收到的 SRv6 TE Policy 路由，生成对应的 SRv6 TE Policy。存在多个候选路径时，SRv6 TE Policy 选择优先级最高的候选路径作为主路径。

SRv6 TE 是 SRv6 主推工作模式，它和 SDN 结合，可以更好地契合"业务驱动网络"。网络控制器可基于业务需求，按需更新 Segment List，实现路径可编程，满足业务端到端 SLA 保障需求，提升业务质量。

SRv6 TE Policy 的工作流程如下。

① 网络中各个路由器通过 BGP-LS 将网络拓扑信息、SRv6 信息和 TE 信息上报至网络控制器，包括各节点的链路信息、链路的开销 / 带宽 / 时延等 TE 属性。

② 网络控制器对收集到的网络拓扑信息进行处理，按照业务需求计算符合 SLA 要求的路径，即根据事先定义好的 Headend、Endpoint 和 Color 规则，计算出一条满足业务 SLA 要求的路径。

③ 以图 6-6 为例，网络控制器通过 BGP 扩展将路径策略下发给网络源节点（PE1），源节点生成 SRv6 TE Policy，包括 Headend、Endpoint、Color 等关键信息。

④ 网络源节点为业务报文选择合适的 SRv6 TE Policy，并指导报文转发。目前引流方式主要有绑定 SID(Binding SID) 引流、Color 引流和 DSCP 引流。其中，Binding SID 引流用于标识整条候选路径，提供隧道连接、

流量引导等功能，可以理解为业务调动网络功能，选择业务路径的接口，这种方式一般常用在隧道拼接、跨域路径拼接等场景中，可以显著地降低不同网络域之间的耦合程度。

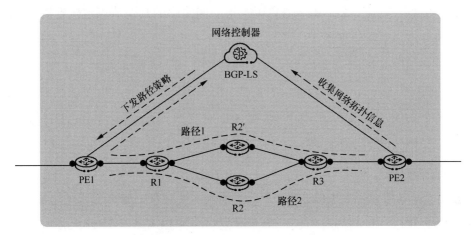

图 6-6　SRv6 TE Policy 工作流程

在算力网络中，SRv6 TE Policy 为实现多云互联提供了强大的技术手段。SR 性能测量可实时测量每条链路的时延，按需下一跳（ODN）自动生成 SRv6 TE Policy 低时延路径，自动引流，将云互联业务引导至适当的路径上，结合 SDN 控制器，还可实现跨域端到端动态带宽调整功能。

SRv6 TE Policy 可靠性保障可以通过 TI-LFA 技术实现，可以通过链路检测或者 BFD for IGP 感知到故障，进而触发 FRR 切换；为了确保极限场景下的可靠性，也可将业务切换到 SRv6 BE 工作模式，将 SRv6 BE 作为 SRv6 TE Policy 的逃生路径。

综上所述，SRv6 BE 与 SRv6 TE Policy 的主要差异在于 SRv6 BE 报文封装不含有 SRH 信息，不具备 TE 能力。

6.2.7　SRv6 的 IGP 扩展协议

在运营商网络中，IS-IS 协议和 OSPFv3 是最主要的 IGP，通过扩展 IS-IS 协议和 OSPFv3，使其携带 SRv6 信息，可以实现 SRv6 控制平面功能，不需要再维护 RSVP-TE、LDP 等控制平面协议,即 SRv6 简化了网络控制平面。

为了支持 SRv6,IS-IS 协议需要发布两类 SRv6 信息——Locator 信息与 SID 信息。其中,Locator 信息用于帮助网络中的其他节点定位到发布 SID 信息的节点。SID 信息用于完整地描述 SID 的功能,如 SID 绑定的 Function 信息。在 SRv6 网络中,IS-IS 协议通过两个 TLV 发布 Locator 的路由信息——SRv6 Locator TLV 和 IPv6 Prefix Reachability TLV。IS-IS 协议的另一个功能是将 SRv6 SID 信息和 SID 对应的 Endpoint Function 信息通过 IS-IS 协议的各类 SID Sub-TLV 扩散出去,用于路径 / 业务编程单元对网络进行编程。

与 IS-IS 协议扩展类似,OSPFv3 扩展也需要发布上述两类 SRv6 信息。其中,为发布 Locator 信息,OSPFv3 需要发布两种 LSA,即 SRv6 Locator LSA 和 Prefix LSA。另外,OSPFv3 也会将 SRv6 SID 信息和 SID 对应的 Endpoint Function 信息通过 SID Sub-TLV 扩散出去,用于路径 / 业务编程单元对网络进行编程。

在 SDN 环境中,控制器需要明确提供 SID 信息或者收集 SID 信息,利用所需的 SID 信息完成 SRv6 网络编程。

6.2.8　SRv6 VPN 和 EVPN 技术

在 SRv6 出现之前,VPN 一般由 MPLS 网络承载,即 MPLS VPN,其中 VPN 实例通过 MPLS 分发的标签进行标识。SRv6 VPN 是通过 SRv6 隧道承载 IPv6 网络中的 VPN 业务的技术,控制平面采用 MP-BGP 通告 VPN 路由信息,数据平面采用 SRv6 封装方式转发报文。在 SRv6 网络技术中,VPN 实例由 SRv6 SID 标识,以实现不同业务数据的隔离。为了携带业务相关的 SRv6 SID,IETF 扩展了两个具有 BGP Prefix SID 属性的 TLV 字段。BGP Prefix SID 属性是专门为 SR 的定义的 BGP 路径属性,这个属性是可选和可传递的,类型号为 40。

基于 EVPN 控制平面的 SRv6 解决方案是当下 SRv6 典型部署应用之一。与传统 L2VPN 相比，EVPN 通过 BGP 通告 MAC 地址，使能 L2VPN 的 MAC 地址学习，发布过程从数据平面转移到控制平面，与 L3VPN 的 BGP/MPLS IP VPN 机制相似。为了支持基于 SRv6 的 EVPN，在发布 Type-1、Type-2、Type-3 和 Type-5 路由的同时，还需要通告其中一个或多个路由类型的 SRv6 Service SID，每种路由类型的 SRv6 Service SID 均被编码在 BGP Prefix SID 属性的 SRv6 L2/L3 Service TLV 字段中。通告 SRv6 Service SID 的目的在于将 EVPN 实例与 SRv6 Service SID 绑定，从而使得 EVPN 流量通过 SRv6 数据平面转发。

6.2.9　SRv6 安全保障

同 Native IP、MPLS SR 网络一样，SRv6 网络也存在安全风险，如源地址伪造、报文被篡改等。为应对上述安全风险，IETF 在 RFC 8402 中规定了 SRv6 可信域，一个 SRv6 网络可以被称为一个 SRv6 可信域，SRv6 可信域内的网络设备是安全的。SRv6 可信域内的路由器称为 SRv6 内部路由器，在 SRv6 可信域边缘的路由器称为 SRv6 边缘路由器。在 SRv6 边缘路由器部署 ACL 策略，过滤并丢弃所有非法访问内部信息的流量。

此外，为提高安全保障，SRv6 网络通过增加 HMAC 机制对 SRH 进行验证。HMAC 存放于 SRH 的 TLV 中，在边缘路由器校验 SRH，如果校验通过，则放行报文；如果校验不通过，则丢弃报文。

6.2.10　SRv6 OAM

在 SRv6 网络中，SRv6 的转发基于标准 IPv6 数据平面，可以通过 ICMPv6 Ping 和 Tracert 对普通 IPv6 地址进行连续性检测。若被检测目的地址是一个 SRv6 SID，则需要使用 SRv6 的 OAM 扩展来实现检测，IETF 在 RFC 9259 中对此进行了定义。RFC 9259 引入了 O，用于标识一个报文是否为 OAM 报文，它位于 RFC 8754 定义的 SRH 报文中的 Flags 字段中，如图 6-7 所示。若其取

值为 1, 则每一个 Endpoint 节点均需要复制
一份报文, 并打上时间戳, 然后将复制的报文
和时间戳发送到控制平面进行处理。

图 6-7　SRH 的 Flags 字段

6.2.11　SRv6 保护技术

在传统 IP/MPLS 网络中, 部署 FRR 技术可以实现网络故障情况下的流量
传送路径的快速切换, 降低网络故障对业务的影响。FRR 技术有 LFA FRR、
RLFA FRR、TI-LFA 三种。最早出现的 FRR 技术是无环路备份 (LFA), 它
需要满足一个条件——至少有一个邻居下一跳到目的节点是无环下一跳。远端
无环路备份 (RLFA) 技术引入了优先级队列 (PQ) 空间概念, 寻找一个非直
连的中间备用节点 (通常称为 PQ 节点), 从源节点到备用节点及从备用节点
到目的节点都不会经过故障链路或节点, 将 FRR 能够保护的范围进一步扩大,
能覆盖的场景进一步增多。

在 SRv6 网络中采用了一种 TI-LFA 技术, 能够用显式路径来表达备份路
径, 以在网络拓扑中不存在 PQ 节点的情况下, 实现任意拓扑的保护, 可以同
时避免出现链路故障和节点故障, 提供具有更高可靠性的 FRR 技术。SRv6 网
络故障场景主要包括 SRv6 BE 链路 / 节点故障场景、SRv6 指定中间节点故障
场景、SRv6 尾节点故障场景及 SRv6 防微环场景, SRv6 网络常见故障场景如
图 6-8 所示。

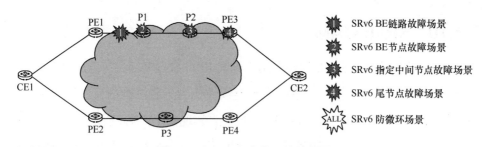

图 6-8　SRv6 网络常见故障场景

6.3　SRv6 应用部署

SRv6 有 BE 和 TE 两种业务承载方式：SRv6 BE 对网络路径无特殊要求，SRv6 BE 部署无须网络控制器参与；而 SRv6 TE 部署需要在 SRv6 网络头节点配置 TE 隧道，通过网络控制器进行隧道路径计算和 Segment List 生成。

6.3.1　SRv6 BE 的部署方法

SRv6 BE 利用公网 SRv6 BE 转发路径来承载 L3VPNv4、EVPN L3VPN、EVPN 虚拟专用线路业务（VPWS）、EVPN 虚拟专用局域网业务（VPLS）的私网数据，关键实现步骤包括 SRv6 BE 路径建立、私网路由互通、数据转发等。本节以 L3VPNv4 over SRv6 BE 为例，阐述 SRv6 BE 的部署方法。

L3VPNv4 over SRv6 BE 通过在 IPv6 公网建立 SRv6 BE 路径，承载私网的 L3VPNv4 业务，其组网如图 6-9 所示。PE1 与 P 之间、P 与 PE2 之间是 IPv6 公网，PE1 和 PE2 支持 SRv6，CE1 到 PE1、CE2 到 PE2 这两段是 IPv4 私网。

图 6-9　L3VPNv4 over SRv6 BE 组网

前置工作：配置链路层协议，配置各接口的网络层地址，使相邻节点网络层可达。

具体部署方法如下。

① 在 PE1、PE2 和 P 设备上配置 IGP，实现 IPv6 网络互联。

② 在 PE1 和 PE2 设备上创建 VPN 实例及有关配置，并为私网接口配置 IP 地址。

③ 在 CE1 和 PE1 之间及 PE2 与 CE2 之间建立 EBGP 对等体关系，实现

IPv4 路由交换。

④ 在 PE1 与 PE2 之间建立对等体关系，交换 VPN 路由信息。End.DT4 SID 可以通过 BGP 动态分配，也可以静态配置。

⑤ 在 PE1 和 PE2 上配置 SRv6 基本功能，包括配置 SRv6 VPN 封装的源地址，配置 Locator 和 Function。

⑥ 在 PE1 和 PE2 上配置 IGP SRv6 能力。

⑦ 在 PE1 和 PE2 上配置的 VPN 私网路由并携带 SID 属性，并配置 VPN 私网路由根据携带的 SID 属性迭代 SRv6 BE 路径。配置错误会使其中一端 PE 由于路由不可达而无法迭代 SRv6 BE 路径，导致业务不通。为了避免这种情况，可在该 PE 上配置使能下一跳迭代默认路由的功能，并配置远端 PE 向本端 PE 发送一条默认路由。这样，当本端 PE 上的明细路由下一跳不可达时，可以通过默认路由迭代到 SRv6 BE 转发，确保业务能够正常运行。

⑧ 查看配置结果，查看 SRv6 的 Locator 信息、本地 SID 表信息、BGP VPNv4 路由信息及 CE 之间的连通性。

6.3.2　SRv6 TE 的部署方法

SRv6 TE 的部署方法与 SRv6 BE 的部署方法类似，在 MPLS L3VPNv6 over SRv6 和 EVPN L3VPNv6 over SRv6 组网中，PE 可以将私网报文引流到 SRv6 TE Policy 中，通过 SRv6 TE Policy 转发私网报文。

L3VPNv6 over SRv6 TE 组网如图 6-10 所示，PE2 为私网路由分配私网标签 End.DT6 SID、路由下一跳 Nexthop、Color 属性，通过 BGP VPNv6 路由将上述私网标签等信息发布给对端 PE1。SRv6 TE 采用集中式管控，网络控制器获取网络信息，基于业务需求计算 SRv6 TE Policy，并将 SRv6 TE Policy 下发到 PE1。在 PE1 上部署 SRv6 TE Policy，并基于 Color 属性或隧道策略等方式，将访问私网的流量引入 SRv6 TE Policy。PE1 接收到访问私网的报文后，为其添加 End.DT6 SID 及 SRv6 TE Policy 的 SID 列表，并通过该列表指定的路径，将其转发到 PE2 处。PE2 根据

End.DT6 SID 匹配到 VPN 实例，将报文解封装后，在 VPN 实例路由表中对报文进行查表转发。

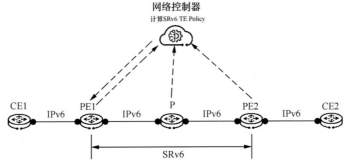

图 6-10　L3VPNv6 over SRv6 TE 组网

SRv6 TE 的部署方法具体如下。

① 在所有 SRv6 节点上配置扩展的 IGP，以通告 SRv6 SID。

② 为网络控制器配置 SID 列表。

③ 为网络控制器配置 SRv6 TE Policy，先创建 SRv6 TE Policy，配置 SRv6 TE Policy 属性，一般采用手工配置或者动态获取这两种方式。再创建候选路径并引用 SID 列表，在创建候选路径时，需要配置候选路径的优先级，不同优先级代表不同候选路径，最后为指定优先级的 SRv6 TE Policy 候选路径配置 SID 列表，一条候选路径可以引用多个不同权重的 SID 列表。

④ 在 SRv6 头节点配置 SRv6 TE Policy 引流。一般采用 Color 引流方式或基于隧道策略的引流方式两种方式。采用 Color 引流方式时，需要通过路由策略等方式为 IPv6 单播路由添加 Color 扩展团体属性，默认采用此引流方式。当采用基于隧道策略的引流方式时，需要配置首选隧道策略或负载均衡隧道策略。

6.3.3　SRv6 技术应用

IP 承载网连接用户端与服务端，为用户提供连接服务，保障网络连接的稳定性和可靠性。随着业务发展，业务连接位置不再固定，业务处理所在位置灵活多变。SRv6 具有的 Native IPv6 属性使它能够快速地建立连接，满足灵活连接需求。在一些业务部署和应用场景中，需要依据业务需求灵活调整业务路径，符合对业务的低时延或确定性要求。SRv6 具有业务编程能力，满足根据业务需求计算显式路径的需求，可结合网络控制器进行路径编排和下发。

1. 移动业务承载

在移动业务承载场景中，SRv6 可用于基站与云侧的连接。基于 IPv6 可达性，SRv6 在跨域时可以直接跨越多个承载网的域，无须采用传统背靠背方式拼接。

针对电信云 DC 网络和移动承载 WAN 存在的现状，部署场景有如下两类。

场景一：SRv6 隧道 to WAN PE，WAN 和 DC 网络背靠背拼接，在 DC 网络内使用 VxLAN 技术，如图 6-11 所示。

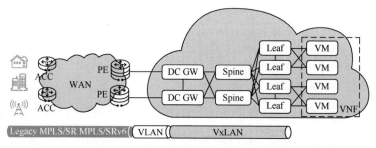

图 6-11　SRv6 隧道 to WAN PE 场景

此方案适用于 WAN 与 DC 网络分离，并且由不同部门进行运维管理，无融合诉求的场景。

场景二：SRv6 隧道 to DC-GW，如图 6-12 所示。WAN 使用 SRv6 隧道 to DC-GW。

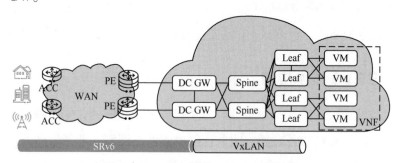

图 6-12　SRv6 隧道 to DC-GW 场景

此方案适用于 WAN 与 DC 网络采用互通技术拼接，业务端到端运维，简化业务发放和冗余部署。

2. 专线业务承载

专线业务承载场景包括云间专线、组网专线和入云专线，可提供点到点、点到多点、多点到多点的互联能力。基于 SRv6 技术进行专线业务承载，可以利用 SRv6 TE Policy 的灵活算路能力，保障满足不同等级应用的 SLA 要求，按需灵活建立业务连接。

① 云间专线用于公有云与公有云间、公有云与私有云间、公有云与行业云间的同构或者异构云互联组网等各类场景，基于 SRv6 L3VPN 的云互联组网如图 6-13 所示。

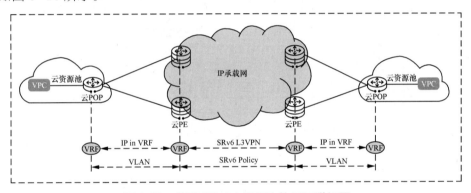

图 6-13　基于 SRv6 L3VPN 的云互联组网

② 组网专线用于企业分支或行业站点之间的互联组网。

组网专线可以实现企业分支或行业站点到总部、企业分支或行业站点间的点到点、点到多点、多点到多点连接，为企业互联提供高质、安全的互联承载通道。

根据 IP 承载网接入网络类型，组网专线接入方式可以分为本地承载网接入和城域承载网接入两种，如图 6-14 所示。

③ 入云专线包括点到点二层入云专线连接和点到点、点到多点三层入云专线连接，本地承载网入云专线如图 6-15 所示。

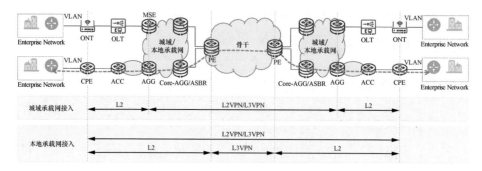

图 6-14　组网专线接入方式

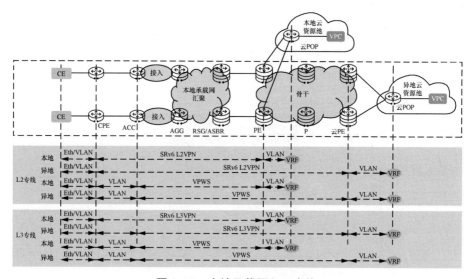

图 6-15　本地承载网入云专线

　　SRv6 承载二层入云专线（L2 专线）可以在 CPE 到云 PE 间使用 SRv6 L2VPN 承载，或者在 RSG（汇聚侧网关）与云 PE 间使用 SRv6 L2VPN 承载。SRv6 承载三层入云专线（L3 专线）可以在 CPE 与云 PE 间使用 SRv6 L3VPN 承载，或者在 RSG 与云 PE 间使用 SRv6 L3VPN 承载。

第 7 章

IPv6+ SFC 技术

服务功能链 / 业务链（SFC）是一种为应用层提供有序服务的技术，其本质是意图驱动服务，即依据用户的意图，使业务按照指定顺序依次经过指定设备，从而保证网络能够按照预先规划的路径为用户提供安全、快速、便捷、稳定的服务。

7.1 SFC 概述

在通信网络中，实现端到端业务往往需要各种服务功能。SFC 是一系列服务功能的顺序组合。SFC 将一组有序服务功能应用于选定流量，同时描述了一种部署服务的方法，实现多个服务功能的动态排序和拓扑独立性，参与实体之间的元数据交换。

SFC 用来将网络设备上的服务功能在逻辑层面上连接起来，从而形成一个有序的服务功能组合。SFC 代表业务的抽象视图，指定了所需的 SFC 转发节点（SFF）集合及执行顺序。在图 7-1 所示的 SFC 示意中，每个节点代表了至少一个服务节点（SF），1 个 SF 可以被多个 SFC 使用，也可以在给定的 SFC 中使用一次或多次。

图 7-1　SFC 示意

SFC 可以从图 7-1 中的起始点开始（节点 1），也可以从图 7-1 中的任何后续节点开始。SF 可能成为图中的分支节点，选择将流量引导到一个或多个分支上。

目前服务功能部署模型相对静态，与网络拓扑和物理资源强耦合，这大大降低了运营商引入新业务或动态创建 SFC 的能力。SFC 架构解决了现有业务部署的拓扑依赖性和配置复杂性问题。

7.2　SFC 架构功能

7.2.1　架构设计原则

SFC 基于以下架构设计原则进行架构设计。

拓扑独立性：部署和调用 SFC，不需要改变隐式或显式的底层网络转发拓扑。

分类：满足分类规则的流量按照特定 SFC 路径（SFP）转发。SFP 是根据配置计算出的一条报文路径，是 SFC 对应的转发路径。

平面分离：SFP 的动态实现与包处理操作（如包转发）分离。

共享元数据：元数据可以在 SF 和服务分类器 / 业务分类节点（SC）之间、SF 和 SF 之间及外部系统和 SF 之间共享。

业务定义独立性：SFC 架构不依赖于 SF 本身细节。

SFC 独立性：一个 SFC 的创建、修改、删除对其他 SFC 没有影响。SFP 也是如此。

异构控制 / 策略点：可以允许 SF 使用独立机制来填充和解析局部策略和局部分类规则。

7.2.2　核心组件架构及组件功能

SFC 核心组件包括 SC、SFF、SF 和 SFC 代理（SFC Proxy），这些组件

经过 SC 初始分类后，通过 SFC 封装建立起联系。SFC 核心组件架构如图 7-2 所示。

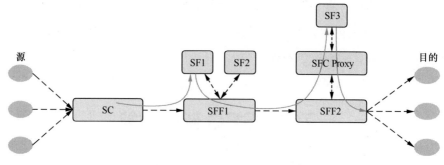

图 7-2　SFC 核心组件架构

SFC 核心组件功能说明如下。

（1）SC

SC 位于 SFC 网络边缘，是 SFP 的源节点，负责从非 SFC 网络接收数据报文，基于策略匹配 SFC，对报文进行分类、封装，并转发给首跳 SFF，引导到特定 SFP 上。分类粒度由服务分类器能力和 SFC 策略要求决定。例如，分类可以是相对粗糙的，来自该端口的所有报文都要服从 SFC 策略 X，并定向到 SFP A；分类也可以是细致的，所有匹配五元组的报文都要服从 SFC 策略 Y，并定向到 SFP B。

（2）SFF

SFF 负责根据 SFC 封装中携带的信息，将流量转发到一个或多个 SF 处，同时处理从 SF 返回的报文。此外，SFF 还负责将报文发送到 SC 处，将报文传输到另一个 SFF 处，以及终止 SFP。

（3）SF

SF 负责对接收到的报文进行特定处理，可以作用于协议栈各个层（如网络层或 OSI 参考模型中的其他层）。作为一个逻辑组件，SF 可以作为一个虚拟网元，也可以嵌入一个物理网元中。一个或多个 SF 可以嵌入同一个物理网元中，同一管理域中可以存在多个 SF。某个增值业务的交付可以涉及一个或多个 SF。SF 包括但不限于防火墙、应用加速、深度包检测（DPI）、合法拦截、负载均衡、NAT44、NAT64、NPTv6、HOST_ID 注入、HTTP 报文头填充、TCP 优化器等功能组件。

按照封装识别能力，SF 分为 SFC Aware 和 SFC Unaware 两种模式。SFC Aware 指 SF 支持接收并处理 SFC 封装中的信息，可以直接连接到 SFF；SFC Unaware 指 SF 不支持识别并处理 SFC 封装中的信息，需要通过 SFC Proxy 连接到 SFF。

（4）SFC Proxy

SFC Proxy 为 SFC Unaware 模式的 SF 提供代理能力，支持移除和插入 SFC 封装。SFC Proxy 代表 SF 接收来自 SFF 的报文，它将报文解封装后，向 SFC Unaware 模式的 SF 发送数据报文，并能够接收从 SF 返回的报文，重新进行 SFC 封装，然后将报文返回给 SFF，沿着 SFP 继续发送报文。从 SFF 的角度来看，SFC Proxy 可以作为支持 SFC 封装的 SF，SFF 与 SFC Proxy 之间的交互、SFF 与 SFC Aware 模式的 SF 之间的交互是相同的。

具体来说，当报文从 SFF 发往 SFC Proxy，SFC Proxy 的处理流程包括如下内容。

① 从 SFC 封装的报文中移除 SFC 封装。

② 根据可用信息（包括 SFC 封装中携带的信息）确定需要使用的 SF。

③ 选择适当接口，报文通过该接口可到达此 SFP 中的下一个 SF。这来自 SFC 封装中携带的 SF 信息，包括但不限于 VLAN、IP-in-IP、L2TPv3、GRE 和 VxLAN。

④ 通过选定的接口，将原始报文转发到适当 SF 处。

当报文从 SF 返回 SFC Proxy，处理流程如下。

① 为报文应用所需的 SFC 封装。SFC 封装信息可以通过接收报文的接口、报文分类或其他局部策略来判断。在某些情况下，SFC 对报文进行了排序 / 修改操作，需要重新对报文进行分类，以重新应用正确的 SFC 封装。

② 将带有 SFC 封装的报文发送给 SFF，处理流程与 SFC Aware 模式的 SF 返回的报文的处理流程相同。

除上述核心组件外，SFC 能力实现过程中的关键定义和功能还包括如下内容。

（1）SFP

SFP 是 SFC 所经过的网络路径，是对报文所必须经过的关键节点的路径约束。

（2）SFC 使能域

支持 SFC 能力实现的网络区域。在需要避免泄露 SFC 信息的情况下，需要在 SFC 使能域的边界节点，强制执行某些特定功能。在这种情况下，SFC 边界节点表示将一个 SFC 使能域与另一个 SFC 使能域或位于 SFC Unaware 域的节点相连接。SFC 边界节点可以作为 SFC 出口节点或 SFC 入口节点，在 SFC 入口节点处理进入该节点所属 SFC 使能域的流量时，会执行 SFC 封装操作，在 SFC 出口节点处理离开该节点所属 SFC 使能域的流量时，会执行 SFC 解封装操作。

（3）SFC 封装 / 解封装

SFC 封装 / 解封装操作是指在流量进入 / 离开 SFC 使能域时，由 SFC 边界节点增加 / 删除用于在 SFC 使能域中实现 SFC 能力的相关信息，如携带用于识别 SFP 的显式信息。

（4）重分类和分支

SFC 架构支持重分类，重分类指的是当数据报文穿过 SFP 时，根据业务需要或者基于安全原因，选择一个新的 SFP，或者更新相关元数据，产生了所谓的"分支"。

例如，一个初始分类的结果选择 SFP A: DPI_1 → SLB_8。在执行 DPI 服务功能时，应用层检测到攻击流量。DPI_1 将流量重新分类，部分为攻击流量，并将业务路径修改为 SFP B，加入防火墙进行策略执行，策略为丢弃 DPI_1 → FW_4 的流量。在 FW_4 之后，幸存的流量将返回到原来的 SFF。在这个简单的例子中，DPI 服务功能根据局部的应用层分类能力对流量进行重新分类。

（5）共享元数据

共享元数据允许网络向 SF 提供网络侧信息、进行 SF-to-SF 信息交换，以及将业务侧信息向网络共享，SFC 能够沿着 SFP 交换这些共享数据。共享元数据在 SFC 架构中可扮演多种角色，即允许通常独立操作的 SF 与网络交换信息；对有关网络和 / 或数据的信息进行编码，以供后续在 SFP 内使用；创建用于 SF 策略绑定的标识符。

7.3　SRv6 SFC 技术

7.3.1　SFC 技术能力对比

策略路由（PBR）和网络服务报文头（NSH）是当前应用较多的 SFC 数据平面实现方案。PBR 无须对现有设备进行修改，它通过在设备上配置静态路由策略来实现对报文的定向转发。这种方案实现简单，部署方便。但是，对于大量 SFC 业务来说，PBR 的扩展性较差，不够灵活。NSH 需要在 SFF 上维护每个 SFC 的转发状态，在进行业务部署时，需要在多个网络节点上进行配置，控制平面复杂度相对较高，标准化也不成熟。在商业落地时，不同设备厂商需要协商 NSH 的承载协议，互通成本大。许多运营商和 OTT 厂商在部署 SFC 时，均会选择 PBR。

SR（尤其是 SRv6）的出现，得到了更优质的 SFC 数据平面实现方案。SR 支持在头节点显式编程数据报文的转发路径，这种能力天然可以支持 SFC。而且 SR 不需要在网络中间节点上维护逐流转发状态，这也使得 SR 业务部署比 NSH 业务部署更简单。基于 SR 的 SFC，只需在头节点下发 SFC 策略即可，不需要对 SFC 中所有网络节点进行配置，这也降低了 SFC 业务部署的难度。

PBR、NSH 和 SRv6 3 种 SFC 数据平面实现方案的对比如表 7-1 所示。

表 7-1　3 种 SFC 数据平面实现方案的对比

项目	PBR	NSH	SRv6
适用网络	IP网络	IP/MPLS网络、SR网络（包括SR-MPLS网络和SRv6网络）	只适用于SRv6网络
SFF 转发表	IP路由表	NSH映射表	Local SID表
分类器	NA	流量分类到指定的SFP，增加NSH封装	流量分类并匹配SRv6 Policy，统一编排拓扑SID和 Service SID
元数据	不支持	支持	支持，但需要在SRH中增加TLV，当前标准上存在争议
优势	1. 对现有设备无须修改，只需调整配置即可； 2. 无须修改业务报文	1. IETF SFC标准方案（RFC 8300），业界支持程度高； 2. 有独立的业务平面，易于管理和维护； 3. 对元数据的支持程度高	1. 支持无状态SFC，SFF只需维护极少量的转发表项，可扩展性极好； 2. 通过统一编排拓扑SID和Service SID，分类器功能可以大幅弱化，即SRv6隧道ingress节点无须感知SFC
劣势	1. 配置复杂； 2. 只支持有状态SFC，可扩展性极差； 3. 硬件资源（如ACL）开销较大	1. 需要修改数据平面，以支持基于NSH的转发； 2. 只支持有状态SFC，SFF需要维护大量NSH转发表项，可扩展性较差	1. 只适用于SRv6网络； 2. 受限于硬件的处理能力，对元数据的支持还有待提供

相较于 PBR 和 NSH 等技术，基于 SRv6 的 SFC 技术有明显优势。它可以与其他 SID type 无缝集成、统一编排，简化网络层次，也可以充分利用 SRv6 网络的编程能力，易于扩展。目前，IETF 基于 SRv6 的 SFC 技术的相关标准主要有转发平面标准 draft-ietf-spring-sr-service-programming、控制平面标准 draft-lz-lsr-igp-sr-service-segments、draft-dawra-idr-bgp-ls-sr-service-segments 等，其中转发平面标准相对稳定，控制平面标准稳定性相对不足。在明确需求场景的基础上，可以按需采用静态方式部署 SRv6 SFC 业务。

基于 SRv6 的 SFC 技术对承载网络设备提出了要求，目前虽然转发平面标准相对稳定，但仅有部分厂家设备层支持该能力，后续尚需要进一步推动。SFC 技术虽然需要调度云侧服务，但并不强制要求云内交换网络 /VNF 支持 SRv6。如果云内交换网络 /VNF 支持 SRv6，可采用 SR Aware 模式部署，云内 VNF 直接参与 SFC 调度。如果云内交换网络 /VNF 不支持 SRv6，可采用 SR Unaware 模式部署，将承载网 PE 配置为 SR Proxy，作为云网业务调度点，从而降低对云内服务的要求。

7.3.2 关键技术

1. SR Aware服务和SR Unaware服务

在基于 SRv6 的 SFC 技术方案中，可以通过 SR Policy 对业务路径和动作进行编程。SR Policy 被实例化为一个有序指令列表，基于该指令列表，可以实现 SFC 的服务连接能力。

基于 SRv6 的 SFC 典型场景如图 7-3 所示，SR 控制器（SR-C）负责实现服务发现和 SR Policy 的实例化，承载网络路由器（R）支持 SRv6 功能，通过 BGP-LS 扩展，将 SFC 中的业务信息向 SR-C 通告。

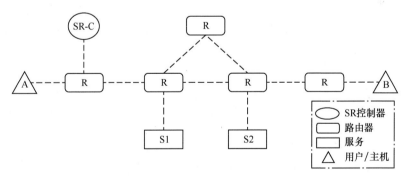

图 7-3 基于 SRv6 的 SFC 典型场景

SF 可选择不同的对 SRv6 功能的支持能力，根据 SF 对 SRv6 功能的支持能力的差异，可分为 SR Aware 模式与 SR Unaware 模式的 SFC 方案。

（1）SR Aware 模式的 SFC 方案

SR Aware 模式的 SFC 方案中，SF 能够识别、处理所接收到的数据报文中的 SR 信息，并进行指针偏移。SF 自身应实现的功能不会因为 SR 信息的存在而有所变化。例如，SR Aware 模式的防火墙根据数据报文最终目的地址过滤 SRv6 流量时，应从 SRH 最后一个 SID 获取最终目的地址，而不是直接在当前 IPv6 报文头的目的地址字段中检索。同时 SR Aware 模式还支持高级网络编程功能，如条件分支、跳转到段列表中的任意 SID 等，可以更好地实现云网一体的网络可编程能力。

（2）SR Unaware 模式的 SFC 方案

SR Unaware 模式的 SFC 方案中，SF 不支持处理接收到的数据报文中的 SR 信息。需要在 SF 接收数据报文之前，由 SR 代理节点移除 SR 信息和其他封装的报文头，或者以该 SF 能够支持的处理报文的方式修改报文头。SR 代理可执行上述修改操作，代替 SF 完成 SR 相关指令。SR 代理可以作为单独进程，在服务节点、计算节点或其他主机的虚拟交换机或路由器上运行。

2. SR代理行为

SR 代理行为旨在通过 SR Unaware SF 实现 SR 服务编程，使 SR Unaware SF 能够处理被引导至该节点的报文。SF 可以位于 SR Policy 中的任意一跳，包括最后一个分段。此处所述的 SR 代理行为专用于支持在段列表中位于中间位置的 SR Unaware SF。如果 SR Unaware SF 位于最后一个分段，则需要确保在数据报文到达 SR Unaware SF 之前，已忽略 SR 信息或已移除 SR 信息。

在图 7-4 所示的通用 SR 代理行为示意中，SR 代理行为包含两部分。第一部分负责从网络到服务的流量传输，包括通过本地实例化的业务段获取预定给 SF 的 SR 流量，对业务报文进行修改，使其显示为到 SF 的非 SR 流量，然后发送给连接到 SF 的给定出接口（IFACE OUT）。第二部分负责接收由入接口（IFACE IN）的 SF 返回流量，恢复 SR 信息，并根据列表下一分段转发。

IFACE OUT 和 IFACE IN 分别是向 SF 发送报文的代理接口和接收从 SF 返回报文的代理接口，可以是物理接口或子接口。

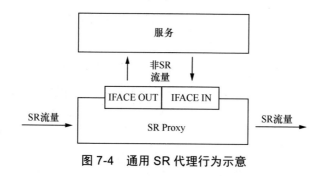

图 7-4　通用 SR 代理行为示意

3. SR Policy

SR 策略（SR Policy）至少包含一种服务。在段列表中，此服务由其关联的 Service SID 表示。如果 SR Policy 包含多种服务，则这些服务的遍历顺序由每个 Service SID 在段列表中的相对位置表示。SR Policy 的应用可以在多个服务或同一服务的不同实例上实现流量的负载均衡，也可以为 SR Policy 指定若干候选路径，每个候选路径均对应一组段列表。

在 SR Policy 的配置中，可以通过使用 Binding SID 以减少节点 SID 数量，实现域间隔离。节点 SID 是标识特定节点的特殊类型的前缀 SID。例如，某网络运营商数据中心（DC）的服务可能需要某个核心域中的服务策略。一种实现方案是在核心域的边缘入口节点处定义一个 SR Policy。该 SR Policy 显式地包括引导流量通过核心域和 DC 所需的所有 SID，但这可能会导致段列表过长，并且每次在修改 DC 部分的策略时，都需要更新边缘入口节点的配置。另一种实现方案是在 DC 边缘入口节点处定义一个单独的 SR Policy，该 SR Policy 只包括需要在该 DC 执行的 SID，并以 Binding SID 的形式被包含在核心域的 SR Policy 中。当需要修改 DC 的 SR Policy 时，不需要修改 Binding SID。该 Binding SID 可以在对 DC 具有相同处理流程要求的多个核心域的 SR Policy 之间共享。

在图 7-5 所示的 SR Policy 中，在 H 实例化一个 SR Policy，流量经过 S，指向 E。SR Policy P1 在 H 基于颜色（C）和 E 创建，并且与 SR 路径相关联。SR 路径可以被显式地配置，在 E 上动态地计算或者由网络控制器下发。

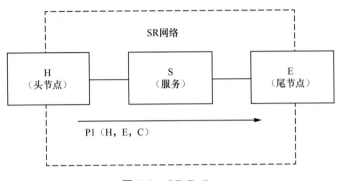

图 7-5　SR Policy

在 SR Aware 模式中，假设分段 SID(S) 和分段 SID(E) 分别可以从 H 和 S 直接到达，并且转发路径满足策略要求，则 SR Policy P1 可以被解析为 SID-list<SID(S)，SID(E)>。根据网络中流量所经过的实际路径，可以按需配置额外的 SID 来部署 SR Policy。如果是 SR Unaware 服务，那么 S 只负责将数据报文传输到实际服务的代理，然后基于 SR Policy 的引流机制，将流量引导到该策略中。

在 SRv6 网络中，SR Policy 作为 IPv6 报文头，被编码到数据报文中。SRv6 网络中的数据报文转发过程如图 7-6 所示。SR Policy 应该引导流量从 H，通过 S，到 E。段列表至少包括到服务节点或服务代理节点 S 的分段 SID(S)、到 E 的分段 SID(E)。但是基于流量工程的需要（如 H 和 S 之间、S 和 E 之间的低时延路径编程），段列表也可能包括额外的 SID。服务节点的 SID Locator 可以在路由协议中进行通告。在服务节点 SID 之前可能需要一个或多个 SID 进行引导，以便将数据报文发送至 S，以执行该服务节点 SID。此处理方式同样也适用于 SR Policy 的 E 处的分段 SID(E)。

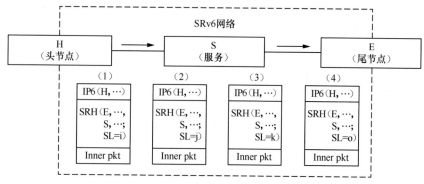

图 7-6　SRv6 网络中的数据报文转发过程

当数据报文到达 S 时，该节点基于与当前段 SID(S) 本地关联的语义，来确定如何处理数据报文。如果 S 是 SR Aware 服务，则 SID(S) 可提供关于如何处理数据报文的附加语境或指示（如防火墙 SID 可指示应将哪个规则集应用于数据报文）。如果 S 是 SR Unaware SF 的代理节点，则 SID(S) 指示该数据报文应该如何发送及应该发送到哪个隶属于此代理的 SF。在该过程中，通过使用 SRv6 End 指令激活下一个 SID，如 SID(E) 或另一个中间 SID。

4. 服务信息传递

如前所述，在网络中，SR-C 用于实现服务发现和 SR Policy 的实例化，网络设备通过 BGP-LS 扩展，向 SR-C 通告 SFC 中的 Service SID 值、功能标识符（静态代理、动态代理、共享内存代理、伪装代理、SR 感知服务等）、服务类型（DPI、防火墙、分类器等）、流量类型（IPv4、IPv6 或以太网等）、不透明数据（供应商和版本）等服务信息。

IETF 的相关标准定义了 SRv6 SID NLRI 的新 TLV，通过服务链的 TLV 关联 Service SID 值与相关服务之间的信息。SRv6 SID NLRI 的 TLV 对行为和相关的 SID 进行编码。服务链的 TLV 定义如图 7-7 所示。

根据图 7-7，详细说明如下所示。

① Type：长度为 2 字节，标识 TLV 的类型。

② Length：长度为 2 字节，TLV 的值部分的总长度。

③ Service Type(ST)：长度为 2 字节，标识服务类型 (如 "防火墙" "分类器" 等)。

④ Flags：长度为 1 字节，在传输时应为 0，接收时必须忽略。

⑤ Traffic Type：长度为 1 字节，标识流类型，其中，1 位用于识别服务是否支持IPv4、IPv6 及以太网功能，详细说明如下。

Type（2字节）
Length（2字节）
Service Type（ST）（2字节）
Flags（1字节）
Traffic Type（1字节）
RESERVED（2字节）

图 7-7　服务链的 TLV 定义

- 第 0 位：如果服务是支持 IPv4 的，设置为 1。
- 第 1 位：如果服务是支持 IPv6 的，设置为 1。
- 第 2 位：如果服务具有以太网功能，设置为 1。

⑥ RESERVED：长度为 2 字节，在传输时应为 0，接收时必须忽略。

7.4　SRv6 SFC 应用实践

传统企业核心业务部署在企业总部 DC 中，企业分支机构通过组网专线访问企业总部核心业务，通过企业总部互联网出口访问互联网，所有安全防护均部署在企业总部 DC 中。随着核心系统上云，企业分支机构通过组网专线访问企业总部核心业务的模式不再具有经济效益，企业分支机构存在直接访问云侧服务的需求。因此安全策略也需要分布式部署，策略更加复杂化，要求企业分支机构和企业总部一起联动防护，并保持安全策略的一致性。

面向用户的安全服务需求，运营商通过集中侧安全能力资源池和近源侧安全能力资源池同时部署的方案，满足用户的访问需要。图 7-8 所示为安全能力资源池部署示意，安全能力资源池包括集中侧安全能力资源池与近源侧安全能力资源池两类。前者针对管理类、扫描类等对实时性要求不高的安全服务，如漏洞管理、堡垒机等，采用集中式部署，管理界面统一管控。后者针对网络边界类等对实时性要求高的安全服务，如防火墙、IPS 等，各资源池按需分布建设，管理平面统一管控。作为集中侧安全能力资源池的延伸，部分网关类安全能力部署在近源侧，由安全管理平台统一管理，通过近源侧网络流量牵引实现安全防护，同时实现云平台内南北向流量检测防护，满足用户对安全能力的需求。

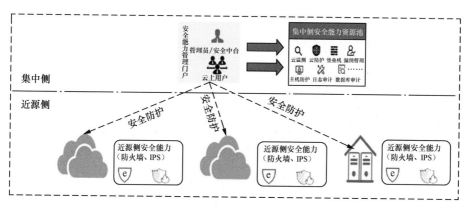

图 7-8　安全能力资源池部署示意

安全能力资源池部署策略使用户流量牵引更加复杂。因此，中国联通提出基于 SFC 技术的云网安一体化服务创新解决方案，将安全等特殊业务功能组件作为一个服务节点，对外提供可编程的业务功能 SID，利用 SRv6 灵活可编程能力，统一编排服务节点与业务路径，实现路径和业务灵活编排、资源随需调度。基于 SRv6 SFC 技术，充分发挥 SRv6 可编程特性与原生 IPv6 特性，以承载网专线服务能力为基础，拉通承载网与云侧服务，以网络服务为导向，实现一网连接多云的链式串接能力。通过共享的增值业务资源池，为互联网专线、家庭互联网宽带等存量业务，提供防火墙、防网络攻击、家长控制等增值业务，实现按需提供灵活多样的网络服务。基于 SRv6 的安全 SFC 方案主要解决了以下两个问题，即普通专线如何快速灵活地升级为可提供安全增值服务的新型专线；安全增值服务分布在多个安全能力资源池时，如何实现灵活、按需跨资源池串接。

作为中国联通提出的基于 SFC 技术的云网安一体化服务创新解决方案的

示范验证，广东联通在多个资源池分别部署防火墙（FW）、IPS 等安全服务，根据业务的诉求，用户可以选购不同的安全服务。网络通过基于 SRv6 的 SFC 技术，按需灵活地串接安全服务，实现企业分支机构通过安全服务访问云业务，如图 7-9 所示。

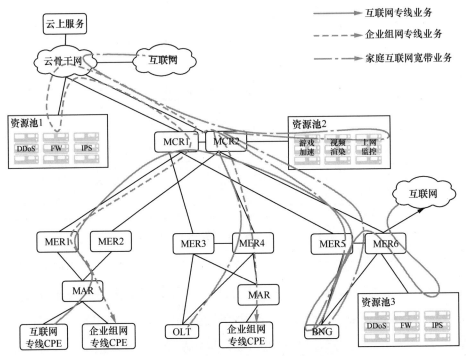

图 7-9　基于 SFC 技术的服务灵活调度场景示意

第 8 章

IPv6+ IFIT 技术

IFIT 技术通过在真实业务报文中插入 IFIT 报文头，精准检测每条业务流的时延、丢包率、抖动等性能，可通过 Telemetry 秒级数据采样，实时呈现真实业务流的性能。

8.1 网络性能测量技术概述

8.1.1 网络性能测量定义

网络性能是网络本身特性的体现，与终端性能及用户操作无关。可以使用一系列性能参数来描述网络性能。IETF 的 IPPM（IP 性能测量）工作组负责网络性能的研究及性能参数的制定工作。其中，RFC 2330 是 IPPM 为发展 IP 网络性能测量标准而定义的一个通用框架，它首次提出了"IP 云"概念；RFC 2678、RFC 2679、RFC 2680、RFC 2681 等对网络连接性、单向时延、单路丢包率、双向时延进行了具体定义；RFC 4656 提出了单向主动测量协议（OWAMP）；RFC 5357 基于 OWAMP 提出了 TWAMP；RFC 7799 对网络性能测量方式进行了分类，包括主动测量、被动测量和混合测量等；RFC 8321 对交替染色技术进行了定义；RFC 8468 对标准格式数据报文的定义进行了更新，包括对 IPv6 数据包也进行了更新；RFC 9197 对 IFIT 的数据字段和相关数据类型进行了讨论。

参考 IETF 对于性能参数的定义，网络性能测量主要包括以下性能参数。

网络连接性：网络中各个节点之间的互连通性，是网络性能基本指标。

带宽：单位时间内物理链路理论上所能传送的最大数据量。

时延：分为单向时延和双向时延，单向时延是数据报文离开源节点的时间

$T1$ 与到达目的节点的时间 $T2$ 之间的时间间隔，双向时延则是数据报文在源节点与目的节点之间往返的时间总和。

时延抖动：数据流中不同数据报文时延的变化。

丢包数：在数据报文传输及转发过程中丢失或出错的数据报文数量。

丢包率：总丢包数与传输的总数据报文数的比率。

8.1.2　网络性能测量的分类

IETF 在 RFC 7799 中将网络性能测量方式分为主动测量、被动测量和混合测量。

主动测量是指在被测网络中利用测量工具，有目的地、主动地向被测网络注入测量数据流，然后根据测量数据流在网络中的传输情况，分析被测网络的相关性能。主动测量包括 Ping、网络质量分析（NQA）、TWAMP 等。主动测量需要向被测网络主动注入测量数据报文，必然会产生额外数据流量，增加一定的网络负担。另外，测量中所使用数据报文的各项特征（数据流量大小、抽样方法、发包频率、测量包大小和类型等）都是可调的。

总之，主动测量的优点在于可以主动发送测量数据，测量过程的可控性比较高，可以对业务的端到端性能进行直观测量。其缺点是注入测量数据流本身改变了网络运行情况，即改变了被测对象本身，使得测量结果与实际情况存在一定偏差；测量数据流与实际数据流可能存在路径不一致的情况，导致出现测量误差，而且注入的测量数据流还在一定程度上增加了网络负担。

被动测量是指在被测网络的链路或节点设备上利用测量工具，对网络实际业务流进行观测分析，不需要产生多余流量。被动测量包括 MPLS 网络的丢包和时延测量（参考 RFC 6374/6375）、带内网络遥测（INT）技术、智能网络质量分析（iNQA）等。与主动测量不同，被动测量对网络实际数据流进行测量，并不会产生额外网络流量。但是，被动测量需要测量工具不断采集数据，数据采集过程会增加被测网络的流量开销。另外，当需要进行业务流端到端性能测量或性能分析时，可能会要求逐点部署测量工具，并需要采集大量数据。

总之，被动测量的优点在于在理论上不会产生额外数据流量，不会增加网络负担。其缺点在于基本上是针对单节点设备的监测，较难实现网络及业务的端到端性能分析，并且实时采集数据量过大。

混合测量是上述两种性能测量方式的结合，它通过对业务报文相关字段进行扩展，实现网络性能测量。混合测量既不生成测量数据报文，也不检测原始数据报文，而是在原始数据报文中增加检测信息，未引入额外的主动测量报文，测量准确度与被动测量相当。而且混合测量中的检测信息随着实际业务数据流转，能真实反映业务的性能状态。同时，混合测量也适用于端到端性能测量场景。典型混合性能测量方法包括 IP 流性能监控（FPM）、IOAM、IFIT。

上述 3 类测量方法适用于不同的应用场景，在实际使用时，可结合使用多种测量方法，在不同网络运行阶段，采取不同测量方法来实现网络质量评估，并根据评估结果采取相应优化手段。

8.2　网络性能测量技术

随着网络的普及，网络性能测量技术不断发展，并在网络故障定位、业务性能优化、用户体验提升等方面得到应用。本节将介绍几种常见的性能测量技术。

8.2.1　Ping

Ping 是最初的网络测试与诊断工具，用于测试 TCP/IP 配置、诊断网络连接状况。它有多种实现方式，包括 ICMP Ping、TCP Ping 和 UDP Ping。其中，ICMP Ping 最为常见，且使用最多。

ICMP Ping 由本地主机发送一个 ICMP 回应请求报文到目标主机，目标主机接收到后回应应答报文，本地主机监听该应答报文，计算发送 ICMP 回应请求报文与接收到应答报文之间的时间，从而确认本地主机与目标主机之间的网络连接状态。在进行 ICMP Ping 时，如果目标主机的网络网关设置了防火墙策略，ICMP Ping 包将被过滤，无法准确诊断网络连接状况。此时，可以使用

TCP Ping 或 UDP Ping。

在 TCP 定义中，SYN 包表示建立连接请求，ACK 包表示确认接收到了发送的数据报文，RST 包表示重置连接。根据 TCP 规定，无论目标主机的端口是否打开，在向其发送 SYN 包或者 ACK 包时，目标主机都会返回一个数据报文（具体 TCP 报文传送定义如表 8-1 所示），可以判定目标主机可达。如目标主机不可达，目标主机会反馈不可达 ICMP 报文。根据 RFC 793 定义，目标主机无法屏蔽 SYN 包和 ACK 包，因此 TCP Ping 的准确性比 ICMP Ping 的准确性更高。

表 8-1　TCP 报文传送定义

发送数据报文	端口状态	回应数据报文
SYN包	Up and listening	ACK包
SYN包	Down	RST包
ACK包	Up/Down	RST包

UDP Ping 与 TCP Ping 原理类似，如果目标主机可达，而在其接收到的 UDP 包中，目的端口号对应的端口关闭，则会返回一个"端口不可达"的 ICMP 报文。如果目标主机可达，目的端口号对应的端口打开，则可能没有任何信息返回。因此，在进行 UDP Ping 的时候，探测目标主机的端口关闭时的准确性比打开时的准确性更高。

8.2.2　Traceroute

虽然利用 Ping 可以检测本地主机与目标主机之间的连接性，但只能进行源节点、尾节点两点之间的连接性检测，无法获取中间节点间的连接状态。利用 Traceroute 可以实现这一功能，即可以定位本地主机与目标主机之间的所有途径节点。

Traceroute（在 Windows 操作系统下是 tracert 命令）依赖 ICMP 报文及 IP 报文的 TTL 位。首先，源主机利用 Traceroute 向目标主机发送一个 TTL=1 的 IP 报文。当路径上的第一个节点接收到这个报文时，它将 TTL 值减去 1，此时，TTL=0。该节点会将此报文丢掉，并向源主机反馈一个 ICMP 超时消息（TTL

值过期信息），源主机可知第一跳可达及其信息。然后源主机再向目标主机发送一个 TTL=2 的 IP 报文，第一个节点仍然将 TTL 值减去 1，然后将报文传送给下一个节点。第二个节点再将 TTL 值减去 1，则 TTL=0，该节点将报文丢弃，并向源主机反馈 ICMP 超时消息，源主机可知第二跳可达及其信息。以此类推，直至报文到达目标主机。当 IP 报文到达目标主机时，由于 Traceroute 使用了一个大于 30000 的端口号，而 UDP 规定端口号必须小于 30000，因此目标主机会返回表示"端口不可达"的 ICMP 报文，源主机接收到该反馈，则认为跟踪结束。

按照上述方式，Traceroute 能够遍历 IP 报文传输路径上的所有节点。Traceroute 是基于 ICMP 报文实现的，由于防火墙过滤问题，可能无法获取 IP 报文传输所有沿途的节点地址。当某个 TTL 值得不到响应时，并不会停止这一跟踪过程，仍会向后传递报文，直至报文到达目标主机。

8.2.3 TWAMP

TWAMP 是在 OWAMP 的基础上发展而来的，用来测量 IP 网络整体性能。RFC 5357 对 TWAMP 进行了定义，它是一种用于 IP 链路的性能测量技术，采用端到端的客户端 - 服务器通信模式。TWAMP 使用 TCP 数据报文作为控制信令，且使用 UDP 数据报文作为测试探针，使用主动测量方式进行网络性能统计。

TWAMP 对两组协议（TWAMP-Control 和 TWAMP-Test）进行了定义，能够保证控制与测量分离。TWAMP-Control 采用 TCP 作为控制协议，用于建立性能测量会话；TWAMP-Test 采用 UDP 作为测试协议，用于发送和接收 UDP 测试报文。TWAMP 标准架构如图 8-1 所示。

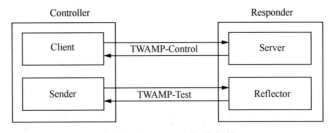

图 8-1 TWAMP 标准架构

在 TWAMP 标准架构中采用客户端 – 服务器通信模式，同时定义了如下角色。

① Controller(控制端)：Client(客户端) 负责建立、启动和停止 TWAMP 控制会话，并收集统计结果；Sender(发射器) 由 Client 调度，向外主动发送用于性能统计的测试数据报文。

② Responder(响应端)：Server(服务器) 负责响应 Client 发起的建立、启动和停止 TWAMP 控制会话的请求；Reflector(反射器) 由 Server 调度，应答 Sender 发送过来的测试数据报文。

TWAMP 的主体思路是在 Controller 封装带有时间戳的 UDP 测量数据报文；Responder 接收到该 UDP 测量数据报文，加上接收时间戳和发送时间戳，将测量数据报文发送回给 Controller；通过分析 Controller 接收到的数据报文携带的时间戳，可以统计端到端时延、抖动等网络性能。

基于 TWAMP 标准架构的工作模型需要多次会话，通信模型较为复杂。由此产生了 TWAMP Light 架构，以简化工作模式，实现快速部署。TWAMP Light 将 Responder 的控制层（即 Server）放在了 Controller 中。Controller 包含了 TWAMP 标准架构中的 Client、Server 和 Sender 角色。Responder 包含了 Reflector 角色。TWAMP Light 架构如图 8-2 所示。

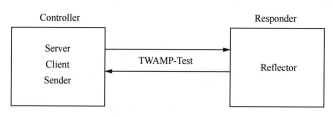

图 8-2　TWAMP Light 架构

Controller 负责测量会话报文的发送与接收、性能数据的采集和计算，并将结果传送给网管设备。Responder 负责测量会话报文的反射。

TWAMP Light 架构属于轻量级架构。Controller 包含 Client 和 Sender 角色，Responder 仅包含标准模型中的 Reflector 角色。在完成网络性能测量的过程中，可以省略 TWAMP 标准架构中的控制会话建立过程。同时，基于 TWAMP Light 架构的工作模型实现了工作模型的简化，Controller 控制模块可以集中部署，对 Responder 的能力要求大大降低，可以快速部署，做到即插即用。

TWAMP 的产生对于网络性能测量技术发展意义重大：一方面，TWAMP 提供了网络性能测量的全面测试能力，能够获取全网传输质量状况；另一方面，TWAMP 可以提供长期、实时的网络性能测量及评估，有利于对网络质量进行历史追溯和长期变化趋势分析。作为网管能力的补充，TWAMP 技术得到广泛应用部署，用以实现 IP 全网的性能测量与统计。

8.2.4　IP FPM

前文所述的 Ping、Traceroute、TWAMP 采用主动测量方式，即通过向网络中发送测量报文来测量网络性能。以上测量方法只能进行逐段测量，无法直接进行端到端业务性能测量。如果存在测量报文路径与真实报文路径不一致的情况，会导致测量结果不准确。采用发送测量报文的方式会为网络带来额外带宽和流量开销，加大网络负载。采用被动测量可以解决这些问题，它直接对业务报文进行测量，得到 IP 网络的真实时延、丢包率等性能参数。IP FPM 是较早出现的直接测量技术，它直接对业务报文进行标记染色测量，从而得到 IP 网络真实性能指标。一方面，IP FPM 可以直接对业务报文进行测量，测量数据可以真实反映 IP 网络性能。另一方面，IP FPM 可以在线监控 IP 网络承载业务的运行情况，对于网络故障诊断、业务统计有重要意义。

IP FPM 主要包括 3 部分，即目标业务流、检测网络和统计系统。目标业务流是真实业务报文，可以通过指定 IP 报文头中的相关字段信息，确定唯一的目标业务流。检测网络可以是二层网络，也可以是三层网络，需要每个节点均具备 IP 可达性。统计系统包括观测节点、收集节点和控制节点。观测节点一般是网络边缘节点的某个端口，负责执行统计动作，产生统计数据。收集节点对应网络边缘节点，负责管理和控制观测节点、收集观测节点产生的数据，并上报给控制节点。控制节点一般是网络中间节点，负责收集、统计数据，完成数据的汇总和处理，并向终端或网管系统发送数据统计结果。

IP FPM 采用染色方式对真实业务报文进行标识，基于 IPv4 报文头中的几个固定比特位进行丢包染色或时延染色，IP FPM 报文头格式如图 8-3 所示。

0			15 16		31位
Version	IHL	Type of Service		Total Length	
Identification			Flags	Fragment Offset	
Time to Live		Protocol	Header Checksum		
Source Address					
Destination Address					
Options			Padding		

图 8-3　IP FPM 报文头格式

Type of Service（服务类型）字段的第 3 位至第 7 位在实际应用中较少使用，可以作为染色位，唯一地标识某一特征的业务报文。

Flags 字段的第 0 位是至今仍然保留的唯一比特位，可以直接用来作为染色位，唯一地标识某一特征的业务报文。

作为早期 IFIT 技术，IP FPM 为网络性能测量带来了技术变革，为端到端性能检测提供了方向。不过，它也存在以下几个问题，其染色位是基于 IPv4 服务类型等固定报文头，在没有被占用的情况下才能使用；IP FPM 需要在网络边缘节点、中间节点均进行部署，且需要定义观测节点、收集节点、控制节点，部署难度高；IP FPM 目前只能基于 IPv4 实现，对于后续网络面向 IPv6 演进存在扩展难的问题。

8.3　IFIT 技术

随着新业务和新技术的不断发展，IP 网络性能测量需求也在不断增加。VR、在线网络游戏、视频会议等新型业务场景，以及服务云化架构，使得网络朝着大规模、高速率、多址接入方向发展。如何快速准确测量网络性能及业务实时状况，给出性能优化方案，保障用户业务的大带宽、低时延及可靠稳定，这成为性能测量技术的必然要求，而传统测量技术难以同时满足这些要求。

Ping、Traceroute、TWAMP 属于带外检测技术，通过模拟业务报文进行网络性能测量，存在准确性不高的问题，同时还会增加网络负担。IP FPM推动了带内检测技术的发展，不过，由于其基于 IPv4 固定报文头，存在扩展难和部署难问题。带内操作、管理、维护（IOAM）也是带内检测技术，在报文转发过程中，每一跳均在报文头中标记时间戳、包计数等信息，转发平面开销较大，且不支持 MPLS/Native IPv4 等封装类型。在这一背景下，IFIT 技术诞生了。IFIT 技术属于带内检测技术，它通过对网络真实业务报文进行染色标记，直接测量网络时延、丢包率、抖动等性能参数，实现网络质量评估。

8.3.1　IFIT 架构

IFIT 提供了一种网络性能测量的架构和方法，以实现高性能带内信息自动测量。IFIT 将网络性能测量指令直接携带在 IPv6 扩展报文头中；在报文传输过程中，基于染色比特位计算时延、误码率，获得链路性能参数；将测量结果嵌入报文头的指定字段或者直接上报给上层分析系统。IFIT 整体架构包含 3部分，分别是 IFIT 应用与管理系统、IFIT 控制器及 IFIT 域内转发设备，如图 8-4 所示。

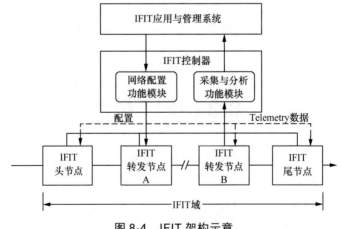

图 8-4　IFIT 架构示意

IFIT 应用与管理系统：负责输入测量意图、呈现测量结果，即接收测量意图，并将其转换为网络配置策略，下发至 IFIT 控制器，接收测量数据及数据分析结果，进行可视化呈现。

IFIT 控制器：包含网络配置功能模块、采集与分析功能模块。网络配置功能模块负责接收网络配置策略，并将其转换为配置指令，下发至 IFIT 域内转发设备。采集与分析功能模块负责接收 IFIT 域内转发设备收集的测量数据，对其进行分析处理后，将结果上报 IFIT 应用与管理系统。

IFIT 域内转发设备：指支持 IFIT 功能的网络设备，可分为 IFIT 头节点、IFIT 转发节点和 IFIT 尾节点。IFIT 头节点负责为数据报文加入 IFIT 指令头。IFIT 转发节点根据 IFIT 指令收集测量数据，按需将测量数据上送至 IFIT 控制器。IFIT 尾节点负责提取数据报文中携带的测量数据，将测量数据上传至 IFIT 控制器，并剥离数据报文中的 IFIT 指令头，然后转发报文。

8.3.2　IFIT 报文头格式

IFIT 适用于 MPLS、SR-MPLS、SRv6 等多种场景。在 MPLS/SR-MPLS 场景中，IFIT 报文头封装在 MPLS/SR 栈底与 MPLS Payload 之间，具体位置如图 8-5 所示。

在 SRv6 场景中，IFIT 报文头基于 IPv6 报文格式要求，封装在 SRH、DOH 或者 HBH 中。IFIT 报文头在 SRv6 BE 场景和 SRv6

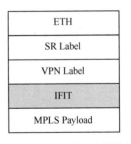

图 8-5　IFIT over MPLS/SR-MPLS 场景的封装位置

Policy 场景中的封装位置，如图 8-6 所示。其中，在 SRv6 BE 场景中，利用 IPv6 的 DOH 和 HBH 携带 IFIT 信息；在 SRv6 Policy 场景中，IFIT 报文头可以封装在 DOH、HBH 或者 SRH 中。封装在 DOH 中时，可以封装在 SRH 前，也可以封装在 SRH 后。不同封装位置会对报文转发效率产生不同影响。目前业界设备厂商对不同位置的封装和解析的支持程度不统一。整体来看，当通过关键节点定界定位，且可满足业务测量需求时，优选 DOH 携带 IFIT 信息；当需要进行逐跳检测时，采用 HBH 或者 SRH 携带 IFIT 信息。

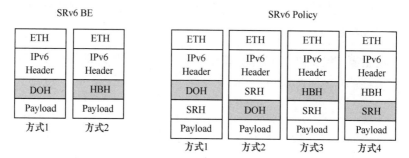

图 8-6　IFIT 报文头在 SRv6 BE 场景和 SRv6 Policy 场景中的封装位置

IFIT 报文头封装在 SRH 中，是指封装在 RH 的 Option TLV 字段内。基于这种封装方式，IFIT 报文头包含了逐跳模式设置或端到端模式设置，网络中间节点需要读取 SRH 报文，才能根据测量模式进行下一步处理。

以 IFIT over SRv6 场景为例，IFIT 报文头封装在 SRH 中，如图 8-7 所示，其主要包括 3 部分，即用于标识 IFIT 报文头开端，并定义 IFIT 报文头整体长度的流指令标识（FII）；用于唯一地标识一条业务流的流指令头（FIH），以及用于定义扩展功能的流指令扩展头（FIEH）。这 3 部分具体字段及含义如下。

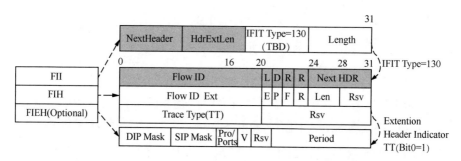

图 8-7　IFIT over SRv6 场景中的 IFIT 报文头封装在 SRH 中

1. FII

① ITIF Type：长度为 8 位，标识 IFIT 扩展头的开端。

② Length：长度为 8 位，标识 FIH 和 FIEH 的长度。

2. FIH

① Flow ID/Flow ID Ext：长度均为 20 位，全网唯一标识一条业务流。

② L：长度为 1 位，丢包测量染色标识；取值为 1 时表示染色报文，取值为 0 时表示不染色报文。

③ D：长度为 1 位，时延测量染色标识；当取值为 1 时，表示该报文用于时延测量，需要记录接口接收到该报文的时间戳；当取值为 0 时，表示该报文为普通目标流报文，不用于时延测量。

④ Next HDR：长度为 8 位，标识扩展数据类型，表明是否携带扩展头。

⑤ E：长度为 1 位，统计模式，当取值为 0 时表示逐跳模式，当取值为 1 时表示 E2E 模式。

⑥ P：长度为 1 位，Probe Maker(预留)。

⑦ F：长度为 1 位，Forward 流方向标识（预留）。

⑧ Trace Type(TT)：长度为 4 位，标识 FIEH 扩展字段内容。

3. FIEH

① V：长度为 2 位，反向流学习使能标记。

② DIP Mask：长度为 8 位，目的 IP 地址掩码长度，用于反向流自动学习 IP 实例生成。

③ SIP Mask：长度为 8 位，源 IP 地址掩码长度，用于反向流自动学习 IP 实例生成。

④ Proto/Ports：长度为 2 位，反向流学习协议 / 端口。

⑤ Period：长度为 10 位，检测周期，单位为秒。

8.3.3　交替染色

染色是指将数据流量分割成连续的块（Block），每一个块均代表一个可测量实体，可以被路径上的所有网络设备所识别。通过计算并比较不同网络设备上每个块中的数据报文数量，可以测量网络设备上单个块中的丢包情况。

创建块的简单方法是为数据报文染色，两种颜色就足够了，属于不同连续块的数据报文会有不同的颜色，每个块中的数据报文数量均取决于创建块的标准。

为数据报文染色有两种块切换方式。方式 1 为在固定数量的数据报文之后切换颜色，每个块均将包含相同数量的数据报文；方式 2 为根据一个固定的计时器来切换颜色，每个块中的数据报文数量与数据报文速率相关联。

交替染色技术的基本原理在 RFC 8321 中进行了定义。所谓交替染色，就是对报文进行特征标记。IFIT 报文中的 L 字段和 D 字段分别提供基于交替染色的报文丢包数、时延统计能力。IFIT 通过将丢包染色位 L 和时延染色位 D 置 0 或置 1，来实现对特征字段的标记。通过对真实业务报文直接染色，辅以部署 NTP、IEEE 1588v2 等时间同步协议，IFIT 可以主动感知网络的细微变化，真实反映网络丢包、时延情况。

1. 基于交替染色技术的时延测量

基于交替染色技术，可以进行丢包测量、时延测量。RFC 8321 给出了时延测量的几种实现方式。方式 1 为每个颜色块的第一个数据报文打上时间戳，该时间戳和相邻设备的同一个数据报文上的时间戳进行比较，从而计算时延。测量时延使用的是特定数据报文，即每一个颜色块的第一个数据报文。方式 2 为每个颜色块的多个数据报文取同一个时间戳，从而生成多个时延数据。上述两种方法对于包的乱序非常敏感，必须保证数据报文没有丢包且不乱序，因此产生了方式 3。方式 3 为基于平均时延的概念，统计每个数据报文到达的时间戳，然后除以数据报文总数，得到该颜色块的平均到达时间；通过减去相邻两个设备的平均到达时间，可以得出两个节点间的时延数据。在方式 3 中，每个颜色块只需要一个时间戳。

以上 3 种方式均需要两个设备间有着严格的时间同步。另外，即使设备间有着严格的时间同步，也只能得出一个时延值。在某些场景下，为了解时延分布统计情况，需要统计网络最小时延值、最大时延值和中间时延值等，此时可以引入方式 4（双重标记法）。

方式 4 是将在数据报文中创建两个标记，第一个标记用于丢包测量和平均时延测量，第二个标记创建一组经过网络完全识别的新标记数据报文；网络设备可以存储这些数据报文的时间戳，这些时间戳可以与第二台路由器上相同数据报文的时间戳来进行计算。

基于上述时延测量的能力，交替染色技术也可以用来进行抖动参数的测量。

2. 基于交替染色技术的丢包测量

可以举例说明基于交替染色技术进行丢包测量的实现原理。首先在 R1 路由器出接口有两个计数器 C(A)R1 和 C(B)R1，分别统计颜色为 A 的包和颜色为 B 的包的数量。路由器 R2 在入接口也设置两个计数器 C(A)R2 和 C(B)R2，分别统计在该接口接收到 A 颜色和 B 颜色的数据报文的数量。当 A 颜色块计数结束，可以比较 C(A)R1 和 C(A)R2 的值，并计算块内的包丢失数量，B 颜色块同理。当一个颜色块计数结束后，计数器的值将被置 0。

8.3.4　统计模式

IFIT 报文 FIH 的 E 字段可以定义 IFIT 端到端（E2E）统计模式和逐跳（Trace）统计模式。这两种统计模式的区别在于，是否要对业务流途经的所有支持 IFIT 的节点均使能 IFIT 能力。

端到端统计模式适用于需要对业务进行端到端整体质量监控的检测场景，该模式可测量自流量进入网络设备（流量入口）到离开网络设备（流量出口）的丢包及时延。端到端统计模式示意如图 8-8 所示，IFIT 可用于直接测量流从 Ingress 到达 Egress 的丢包和时延，并计算得到丢包率和时延值。

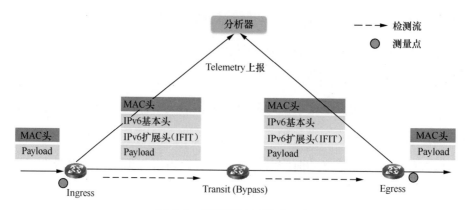

图 8-8　端到端统计模式示意

逐跳统计模式适用于需要对低质量业务进行逐跳定界或对 VIP 业务进行按需逐跳监控的检测场景。当端到端之间存在丢包或者时延等异常情况时，可以将端到端之间的网络划分为多个更小的测量区段，测量每两个网元之间的丢包和时延，进一步定位影响网络性能的网元位置。在图 8-9 所示的逐跳统计模式示意中，流量从 Ingress 到达 Egress，IFIT 可同时测量任意两个检测点之间的丢包和时延，并计算丢包率和时延值。

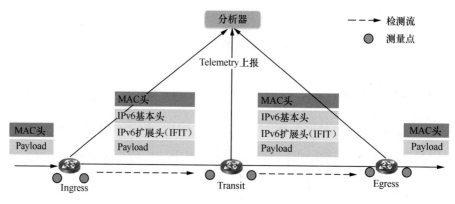

图 8-9　逐跳统计模式示意

在实际应用中，一般是组合使用端到端统计模式和逐跳统计模式，当端到端统计模式检测数据达到阈值时，会自动触发逐跳统计模式，可以真实还原业务流转发路径，并对故障点进行快速定界和定位。

8.3.5　Telemetry 上报数据

在智能运维系统中，IFIT 通常采用 Telemetry 技术实时上报检测数据至分析系统，以进行数据分析。Telemetry 技术是一项从物理设备或虚拟设备上远程高速采集数据的技术。设备通过推模式（Push Mode）周期性地主动向采集器发送设备的接口流量统计、CPU 或内存数据等信息，相对传统拉模式（Pull Mode）的一问一答式交互，推模式提供了更实时、更高速的数据采集功能。Telemetry 技术通过订阅不同的采样路径，灵活采集数据，可以支撑 IFIT 管理更多设备，获取更高精度的检测数据，为网络问题快速定位、网络质量优化提供数据基础。

IFIT 基于 Telemetry 技术实现数据上报的原理如图 8-10 所示。用户或者运维人员通过分析器或网络控制器订阅设备的数据源。设备根据配置要求采集检测流 ID、流方向、错误信息及时间戳等数据，并封装在 Telemetry 报文中上报。分析器接收并存储统计数据，再对分析结果进行可视化呈现。

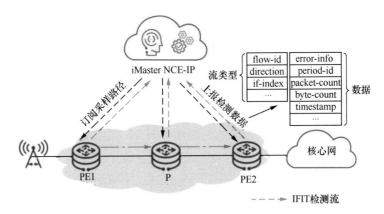

图 8-10　IFIT 基于 Telemetry 技术实现数据上报的原理

Telemetry 支持 TWAMP、Ping、TR、流镜像、IOAM、交替染色等多种数据测量方式，但未定义这些数据测量方式。

8.4　IFIT 应用实践

随着 5G 业务发展，用户对网络质量的要求不断提高，移动承载网性能监控显得尤为重要。与此同时，在企业园区内，终端设备数量增加、业务逐步上云，性能检测要求不断提升。采用 IFIT 技术即可满足上述场景的要求。

8.4.1　移动承载网

移动承载网涉及接入、汇聚、核心等多个网络域，一旦业务质量劣化（如数据丢包、时延过大等），往往难以快速、准确地进行故障定界，这也是网络运维工作的痛点。同时，5G 业务对网络时延和带宽等参数的要求更为严格，也对网络性能质量监控和保障提出更高要求。

图 8-11 为基于 IFIT 的移动承载网应用场景。为保障移动承载网能提供高质量、稳定可靠的网络服务，可在 L3VPN 场景中部署进行 N2/N3 业务的 IFIT 性能监控，利用 IFIT 特性，对网络故障实现快速定界，提升运维效率。针对 5G Xn 业务的端到端 SLA 感知情况，当控制器发现业务不满足 SLA 要求时，将自动下发 IFIT 逐跳定界使能指令，实现业务质差点的快速定界，并通过应用管理系统查看逐跳检测结果。

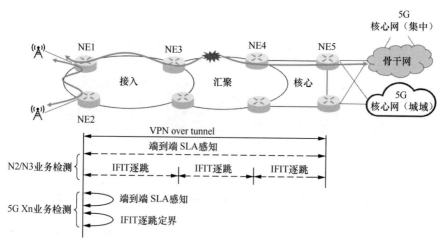

图 8-11　基于 IFIT 的移动承载网应用场景

8.4.2　企业园区网

在企业园区网应用场景中，当大量用户访问云桌面或召开视频会议时，可能会出现速度慢、卡顿的情况，甚至出现网络连接断开的情况，严重影响用户体验；而用户反馈的故障问题往往很笼统，运维人员很难分析出真实故障出现的原因。在图 8-12 所示的基于 IFIT 的企业园区网应用场景中，端到端应用的访问流量经过了接入、汇聚、核心多个网络域，当出现网络故障时，难以实现故障快速定界。

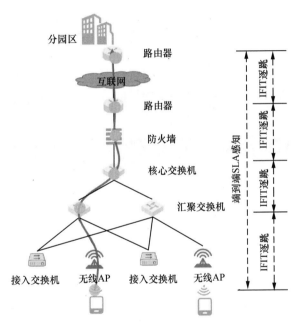

图 8-12　基于 IFIT 的企业园区网应用场景

使用 IFIT 技术，可实现时延、丢包、抖动等性能的逐跳或端到端检测、上报。通过报文头携带的 Flow ID 和序列号，可以方便地将性能检测结果与某个特定业务流绑定，实现端到端网络场景下的故障快速定界。

第 9 章

IPv6+ 网络切片技术

网络切片技术是将运营商的基础网络设施切分成多个虚拟的、隔离的、具备特定功能和能力的端到端的切片子网。为垂直市场定制网络切片服务是电信云化发展的热点。未来的网络场景更加个性化，垂直行业对网络的需求更加差异化。医疗、物流、智慧城市、智能电网等应用场景对网络的带宽、时延、安全等的要求不同，网络切片技术能够通过为不同领域的客户提供端到端的网络切片服务来满足特定的性能指标需求，为不同的场景提供优化的解决方案。

9.1　网络切片技术概述

9.1.1　网络切片起源

5G 和云时代的到来，使得网络和应用互相驱动发展，涌现出越来越多差异较大的业务需求。一方面，智能家居、智慧城市、智慧交通、智慧农业、环境监测等应用需要网络支持海量设备连接和流量频发；远程医疗、智能电网、自动驾驶、工业自动化应用需要网络提供极低时延保障和可靠性保障；超高清视频、增强现实（AR）应用对网络带宽提出较高要求。上述应用的实现需要满足不同类型的网络特性和性能要求，难以用一套网络来解决。另一方面，数字化、智能化浪潮促进生产模式、管理模式和营销模式变革，催生海量场景和应用。行业数字化转型和产业智能化升级促使网络产业向着超宽管道、泛在连接、较大场景化需求方向发展。

面对不断涌现的多样化、差异化业务需求，现有 IP 网络在传输质量、安全隔离、智能管理等方面面临着诸多挑战，具体如下。

1. 在传输质量方面面临的挑战

IP 网络一般分为接入层、汇聚层、骨干层，所有用户同时用到最大带宽的可能性极低。在进行网络建设时规划了一定收敛比，常见的接入层 – 汇聚层的收敛比为 4∶1，这种方法可以提供网络资源复用能力，极大降低网络建设成本。但是因为收敛比的存在，如果在网络中出现高速率、多接口进入的情况和低速率、单接口流出的情况，则容易造成网络拥堵，引起一系列丢包、抖动、大时延问题。

2. 在安全隔离方面面临的挑战

不同垂直行业对网络安全性、稳定性有着明确需求，如政府网络、金融网络等。传统 IP 网络是"尽力而为网络"，容易出现抢占业务资源的问题。为了保障用户体验，运营商通常会建设专用网络来承载核心业务，与公共业务进行安全隔离。这种方式的网络建设成本、网络运维成本、业务扩展成本都是极高的。

3. 在业务灵活、智能管理方面面临的挑战

新业务的出现对网络服务的动态性、实时性、灵活连接等方面都有一定的要求。传统 IP 网络偏向静态业务规划，执行分钟级网络利用率监控；由于网络中微突发的存在，使得业务相互影响，无法保障 SLA 需求，也无法实现动态业务部署和业务规划。另外 5G 网元的云化、UPF 下沉、边缘计算的广泛部署，这些都要求网络提供灵活的连接能力、细致的业务管理能力。

网络切片是为了应对各垂直行业对网络的差异化需求而提出的解决方案。网络切片是指在一个通用的共享网络基础设施上，按需提供多个逻辑网络，即网络切片。图 9-1 所示为网络切片示意。每个网络切片都可以灵活定义自身的逻辑拓扑。网络切片是一整套解决方案，包括了无线接入网、IP 承载网、移动核心网。

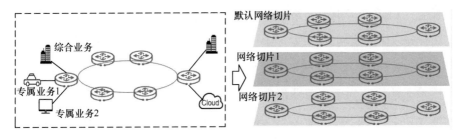

图 9-1 网络切片示意

运营商可以通过网络切片技术，抽象出多个逻辑网络，提供资源隔离、差异化 SLA 等能力，服务于不同的业务，以提高网络价值。由此一来，运营商不再单纯地提供售卖流量服务，而是逐步转向 B2H、B2B、B2C 模式以提供差异化服务。

9.1.2　网络切片标准情况

网络切片技术从出现起就备受关注，无论是在标准方面，还是在产业方面，无数人付出了努力，确保网络切片技术能够真正落地、服务社会。网络切片技术涉及终端、无线接入网、IP 承载网、移动核心网、切片管理器等众多领域。只有各组织、各领域之间有效协同，才能真正实现端到端网络切片的能力。

在国际标准方面，网络切片标准化工作相关组织有 3GPP、NGMN、ONF、ITU-T、IETF、BBF、MEF 等，其中，3GPP SA1 工作组从 R15 版本开始，提出了网络切片的需求，包括无线接入网和移动核心网。5G 系统允许运营商定义网络切片支持的功能、性能、UE 接入网络切片范围、接入网络切片的地域限制等内容。IP 承载网的网络切片标准化工作主要由 ITU-T 和 IETF 开展。ITU-T 从传送、网络、协议、管理编排等领域全面推进网络切片标准化工作，已完成网络切片标准体系构建。ITU-T SG13 工作组围绕下设的 IMT-2020 和 NET-2030 两个焦点组开展未来网络标准化工作，主导推进了 IMT-2020 网络切片、网络切片管理编排等多领域的标准化工作。IETF TEAS 工作组和 CCAMP 工作组主导传送网的网络切片标准化工作，其中

TEAS 工作组定义了用于网络切片的用例、数据模型、传送网切片、IP/MPLS 网络切片及 SR 网络切片，CCAMP 工作组定义 L1 的 OTN 网络切片。

5G 网络在中国于 2019 年实现商用，在国际标准各自为营的状态下，网络切片技术无法快速为千行百业提供差异化服务。为此，2019 年 12 月，中国通信标准化协会（CCSA）成立了"5G 网络端到端切片特设项目组"（以下简称"特设组"），总体规划 5G 网络端到端切片标准体系架构，梳理现有相关标准情况，组织开展共性标准研究。5G 网络端到端切片标准体系架构如图 9-2 所示，对于端到端技术的要求，由特设组研究和定义，而对于领域内的功能要求，由各工作委员会（TC）完成。

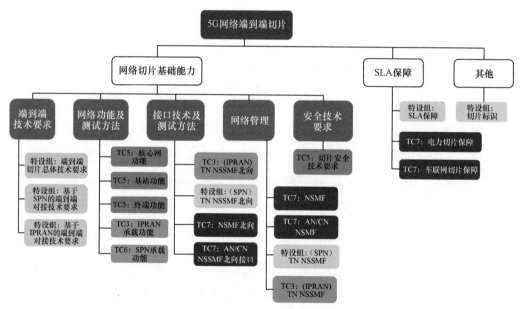

图 9-2　5G 网络端到端切片标准体系架构

9.1.3　网络切片架构概述

如前所述，网络切片包括无线接入网、IP 承载网和移动核心网。本节概述网络切片管理功能、IP 承载网切片能力和基于 IPv6＋演进技术的 IP 承载网切片的架构。

1. 网络切片管理功能

前述特设组打破了不同网络领域由不同标准组织独立定制的限制，实现真正的跨域协同。行业标准 YD/T 3973—2021《5G 网络切片 端到端总体技术要求》定义了 5G 网络端到端切片标准体系架构。

为了实现网络切片管理，5G 网络中新增了网络切片管理系统，包括通信服务管理功能（CSMF）、网络切片管理功能（NSMF）和网络切片子网管理功能（NSSMF）。网络切片管理整体架构如图 9-3 所示。

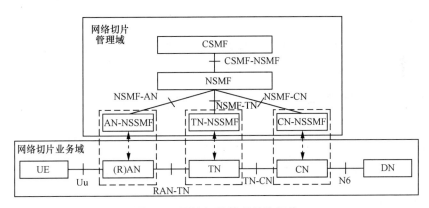

图 9-3　网络切片管理整体架构

网络切片管理功能的具体功能如下所示。

① CSMF：完成用户业务通信服务需求订购和处理，将通信服务需求转换为对 NSMF 的网络切片需求。

② NSMF：接收从 CSMF 下发的网络切片部署请求，将网络切片的 SLA 需求分解为网络切片子网的 SLA 需求，向 NSSMF 下发网络切片子网部署请求。

③ NSSMF：按照专业领域分为无线接入网 NSSMF、IP 承载网 NSSMF 和移动核心网 NSSMF。各子域 NSSMF 接收从 NSMF 下发的网络切片子网部署请求，将网络切片子网的 SLA 需求转换为网元业务参数，下发给网元。其中，对 IP 承载网子域来说，将网络切片子网的 SLA 需求通过 TN-NSSMF 下发给 IP 承载网网元，并将参数配置结果及其他切片子网相关信息，按需上报

给 NSMF。

2. IP承载网切片能力

IP 承载网基于不同隔离、调度能力进行组合，提供一种或多种切片能力，包括数据平面切片能力、控制平面切片能力和管理平面切片能力。

（1）数据平面切片能力

基于物理设备的硬隔离：采用专有设备对特定业务进行切片承载。

基于物理端口的硬隔离：不同切片采用不同的物理端口，实现切片业务间的硬隔离。

基于灵活以太网（FlexE）的硬隔离：在物理端口采用 FlexE 技术，实现切片业务间的硬隔离。

基于 VPN 的软隔离：采用独立 VPN（包括 L2VPN/L3VPN）承载，实现业务间的逻辑隔离。

基于 QoS 的调度：在数据平面的网络切片之间或网络切片内部，采用不同的 QoS 优先级对业务进行差异化调度，实现业务承载性能的差异化。

（2）控制平面切片能力

基于 IGP 进程的隔离：不同切片在不同的 IGP 进程中部署，实现切片业务间的隔离。

基于隧道的隔离：采用 SR-TE 等技术，为不同业务选择不同路径，实现业务差异化承载。

基于逻辑拓扑的隔离：为不同业务选择不同逻辑拓扑，实现业务差异化承载。

（3）管理平面切片能力

通过分权分域方式，提供管理权限切片。

3. 基于IPv6+演进技术的IP承载网切片的架构

基于 IPv6+ 技术的 IP 承载网切片的架构可从功能上分为设备层、控制层、端到端网络切片管理共 3 层，如图 9-4 所示。

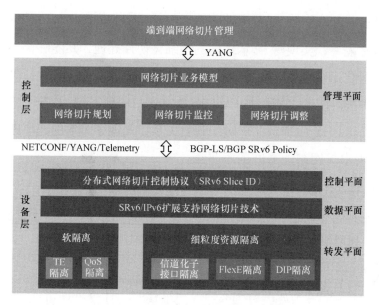

图 9-4　基于 IPv6 + 演进技术的 IP 承载网切片总体架构

① 端到端网络切片管理：负责网络切片的端到端管理，支持用户业务通信服务需求订购和处理，可将通信服务需求转换为控制层的网络切片需求。

② 控制层：控制层负责网络切片规划、网络切片动态调整、网络切片监控等功能。

③ 设备层：设备层可分为控制平面、数据平面和转发平面，其中控制平面负责对分布式网络切片进行控制，数据平面利用 IPv6 + 技术扩展支持网络切片技术，转发平面包含软隔离（TE 隔离、QoS 隔离）和细粒度资源隔离（信道化子接口隔离、FlexE 隔离、DIP 隔离）。

9.2　转发平面切片技术

9.2.1　FlexE 技术

网络切片技术可以提供"弹性"通道隔离，可以通过不同 VPN 提供业务层面的逻辑隔离，也可以通过 FlexE 技术对接口资源进行灵活、精细化的管理，提供硬管道隔离，实现对 IP 承载网的精细化切片处理，并能够提供针对多种业务的差异化承载能力。在 IP 承载网中，FlexE 技术是实现业务隔离和网络切片的一种接口技术，它通过引入 FlexE Shim，实现了 MAC 与 PHY 的解耦，打破 MAC 与 PHY 强绑定的一对一映射关系，实现了灵活的速率匹配，解决客户业务需求与网络能力间的不平衡问题。FlexE 架构示意如图 9-5 所示。

FlexE 通用架构示意如图 9-6 所示，FlexE 通用架构包括 FlexE Client、FlexE Shim 和 FlexE Group 三部分。其中，FlexE Client 对应网络中的各种用户接口，与现有 IP 网/以太网中的传统业务接口一致。每个 FlexE Client 均可根据带宽需求灵活配置，支持各

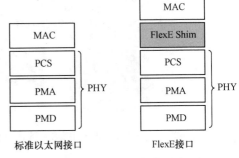

图 9-5　FlexE 架构示意

种速率的以太网 MAC 数据流，并通过 64B/66B 编码方式，将数据流传递至 FlexE Shim。作为插入 MAC 与 PHY 层中间的逻辑层，FlexE Shim 通过基于时隙分配器 Calendar 的时隙（Slot）分发机制，实现自 FlexE Client 到 FlexE Group 的复用和解复用。FlexE Group 是若干绑定的以太网 PHY 的集合。

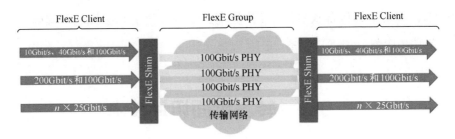

图 9-6　FlexE 通用架构示意

目前，FlexE 技术主要应用在超大带宽接口、IP+Optical 灵活组网及网络切片等场景中。FlexE 技术可以实现 3 种应用模式，即链路捆绑、子速率和通

道化。基于链路捆绑，通过接口速率组合，利用 FlexE 技术可以实现超大带宽接口，可以基于时隙调度，把数据流均匀分发到所有物理接口处，实现 100% 的带宽利用率，解决现有链路带宽小、带宽利用率低问题。在图 9-7 中，4 路 100Gbit/s PHY 通过链路捆绑实现了超过 400Gbit/s MAC 的速率。

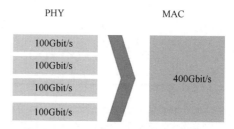

图 9-7　4 路 100Gbit/s PHY 通过链路捆绑
实现了超过 400Gbit/s MAC 的速率

9.2.2　信道化子接口

信道化子接口是指启用了信道化功能的以太物理端口子接口，可通过不同信道化子接口承载不同类型的业务，并基于信道化子接口配置带宽，实现同一物理接口的不同信道化子接口之间的带宽严格隔离，解决不同信道化子接口间业务相互抢占带宽的问题。利用信道化子接口是网络切片方案实现资源预留的手段，为每个网络切片划分独立"车道"。不同网络切片业务流量在传输过程中不能并线变换"车道"，从而确保不同网络切片业务间的严格隔离，有效避免流量突发时网络切片业务间的资源抢占。

使用信道化子接口的切片网络具有以下特点。

① 资源严格隔离：基于子接口模型，资源提前预留，避免流量突发时网络切片业务之间的资源抢占。

② 带宽颗粒度小：配合 FlexE 接口使用，在大速率端口上分割出小带宽的子接口，最小颗粒度是 2Mbit/s，适用于行业切片。

从隔离效果来看，FlexE 接口和信道化子接口实现资源隔离的原理不同，如图 9-8 所示。FlexE 接口实现资源隔离是基于 MAC 和 PHY 之间的时隙隔离，有独立 MAC 子层。各个 FlexE 接口处理帧时不受其他 FlexE 接口影响。信道化子接口没有独立的 MAC 子层，物理 MAC 地址是共享的。信道化子接口在处理帧（如超长帧）时，需要等待上一个帧处理完毕，之后才继续处理下一个帧。因此，FlexE 接口实现资源隔离效果更好。

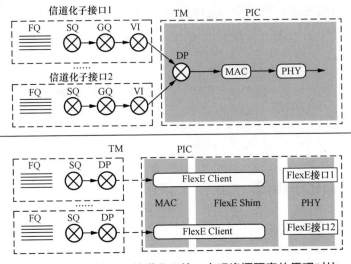

图 9-8　FlexE 接口和信道化子接口实现资源隔离的原理对比

9.3　Slice ID 切片技术

在使用传统方法时，网络切片数量很大，每个切片均需要部署 IGP，可能会达到 K 级别。为简化部署，引入 Slice ID 技术，在以太网子接口或者 FlexE Client 部署 IGP，网络切片仅配置 Slice ID，无须再规划和部署其他属性。在 IPv6 报文头中，部分字段引入全局唯一的 Slice ID 标识网络切片，每个 Slice ID 均对应一个网络切片。

9.3.1　报文封装

在 IPv6 网络中，Slice ID 可以封装在 IPv6 报文的 HBH 或 SRH 中。图 9-9 所示的是将 Slice ID 封装在 HBH 报文头中的报文格式。

在 HBH 中，扩展报文头用来携带网络切片 Slice ID 信息。它的 Next Header 协议号为 0。一个 HBH 的 Value 区域由一系列 Options 区块构成，可以承载多份不同种类的信息。HBH 携带 Slice ID，转发节点根据 Slice ID 确定报文所属的网络切片，从而约束流量使用对应网络切片的预留资源进行转发，保证网络切片内业务的服务质量。不过，当 HBH 包含多个 Option 时，芯片处理复杂，而且增加了芯片封装 / 解封装的深度。关于 Slice ID 的封装方式，有厂商提出将其封装在 IPv6 报文头的 FL（流标签）字段中，令 FL 高 8 位携带 Slice ID，剩余的 12 位保持原有定义。还有厂商提出将 Slice ID 封装在 IPv6 报文头的源地址字段中，用于标识该数据报文所属网络切片，该种方案需要提前规划地址。

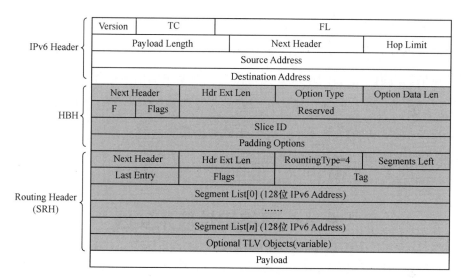

图 9-9　在 HBH 报文头中封装 Slice ID 的报文格式

9.3.2　报文转发

网络切片在数据平面使用目的地址和 Slice ID 指导报文转发。其中，目的地址用于对报文的转发路径进行寻址，Slice ID 用于选择报文对应的转发资源或子接口。在设备层面生成两张转发表：一张是路由表，用于选路（确定三层出接口）；另一张是 Slice ID 映射表，用于确定网络切片在三层出接口中的预留资源。

在图 9-10 所示的基于 IPv6+ 的网络切片示意中，在网元设备 A、网元设备 B、网元设备 C 上分别创建切片实例，使用独立 Slice ID 标识每个切片占用的资源接口。所有网络切片共用相同的 IPv6 地址和控制平面协议会话。

图 9-10　基于 IPv6＋的网络切片示意

基于 Slice ID 的转发过程如下。当业务数据进入承载网时，入口节点基于下发的网络切片策略，封装 Slice ID 和 SRv6 BE 或者 SRv6 Policy 隧道；入口节点根据隧道中的目的地址查找路由，获取路由的出接口和下一跳地址；在出接口对应的网络切片接口组中，查找与报文中相同 Slice ID 的切片接口，将数据报文从该接口转发出去；中间节点的数据报文转发流程相同，直到出节点剥掉隧道标识，然后进入私网进行路由转发。

9.4　网络切片应用实践

在网络切片应用实践中，通常要求在一个基础网络内按需提供多个共享或专用网络资源，以实现一网多用，追求更优的网络建设投资回报。广东联通携手格力电器在珠海格力电器总部开展了"5G 硬切片"专网改造项目，打造国内首个智能制造领域 5G 端到端硬切片专网。广东联通根据格力提出的 5G 网络诉求和智能制造业务场景规划，制定了"5G+MEC 边缘云 + 切片"专网总体方案，实现企业业务与公众用户业务间的物理隔离，以及按业务场景实现网络资源隔离，确保了企业数据不出园区，保障生产数据安全，并为生产线 5G 视频监控业务、无纸化首检业务等提供了专属通道，有效保障生产过程的网络稳定，同时降低企业网络维护成本，实现了降本增效。

广东联通对省内本地回传网络进行网络切片化改造，设备侧支持通过 FlexE 实现资源隔离，在网络分片上部署不同 VPN 业务，提高网络承载性能。

基于 SRv6+FlexE 硬切片，可以为格力园区业务提供 5G 专网商用服务。在格力园区内部署的业务主要包括无纸化首检业务和生产线 5G 视频监控业务。针对该业务，不同业务独享切片资源。格力切片方案示意如图 9-11 所示。接入环部署 2 个分片（默认分片和格力分片），基站普通业务（信令）通过默认分片（如图 9-11 中的——所示）承载，格力业务（如图 9-11 中的 ---- 所示，包括无纸化首检业务和生产线 5G 视频监控业务）通过格力分片承载，MEC 到 5GC-CP 业务（如图 9-11 中的—·—所示）不涉及分片。

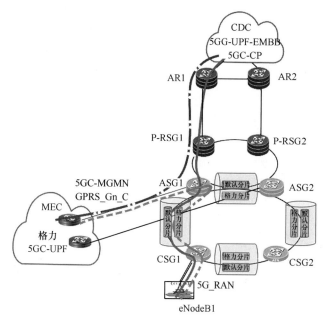

图 9-11　格力切片方案示意

在格力分片内，基站 eNodeB1 和 MEC 通信，基站上送信号打上不同 VLAN 的标记。比如，无纸化首检业务通过 VLAN2 接入，生产线 5G 视频监控业务通过 VLAN3 接入。CSG 通过 Dot1q 子接口连接到基站，ASG 和 UPF 出口交换机通过 OptionA 对接，绑定 5G_RAN 的实例。在 CSG 和 ASG 之间建立 IBGP VPNv4 IPv6 Peer，CSG 和 ASG 分别匹配基站 eNodeB1 和 UPF 路由前缀，加属性 Color1 引流入 SRv6 Policy over FlexE 分片。

格力分片与默认分片形成物理级的资源隔离。在默认分片内，基站和 5GC

通信，基站上送信号打上不同 VLAN 的标记，CSG 通过 Dot1q 子接口连接到基站，绑定 5G_RAN 的实例，在 ASG 上配置为 transit VPN。在 CSG 和 ASG 之间建立 IBGP VPNv4 IPv6 Peer，在 ASG 和 RSG 之间分别建立 IBGP VPNv4 Peer，配置模型为 HVPN，ASG 部署修改下一跳地址和路由重生成，CSG 上配置隧道策略引流入 SRv6 BE over FlexE 隧道。

　　SRv6+5G 硬切片方案可以保障生产数据安全和独占带宽资源，极大地降低了格力园区内 5G 终端到企业内网的时延，有效确保了园区业务的独立性、安全性和稳定性。

第 10 章

IPv6+ 新型多播技术

新型多播技术将多播报文目的节点的集合以比特串（Bit String）的方式封装在报文头中，发送给中间节点，中间节点仅需根据报文头的比特串完成复制转发。这种多播技术可以简化组网、实现业务解耦和提升业务质量。

10.1　IPv6+ 新型多播技术概述

多播技术起源于 20 世纪 80 年代，最早由斯坦福大学的史蒂夫·迪林（Steve Deering）提出，并对多播组、多播参与者、多播路由协议进行阐述，形成 RFC 966、RFC 1112 标准文稿。RFC 1112 标准是多播技术的基石，奠定了多播体系基础。在之后近 40 年中，多播体系在多播应用、多播路由、多播寻址、多播接入等领域中经历了螺旋上升式的发展过程。

1990 年前后，多播领域关注点主要集中在多播体系架构、多播协议需求等方面。2000 年前后，多播领域关键基础技术稀疏模式协议无关多播（PIM-SM）、第 3 版互联网组管理协议（IGMPv3）、多播接收方发现协议（MLD）逐步成熟，业界开始关注多播管理信息库、多播 VPN、IPv6 多播技术及多播应用解决方案，多播技术逐渐进入可管控、可实施的实质性阶段。2010 年前后，多播 OAM 技术、多播 VPN、IPv6 多播技术趋于成熟，业界开始关注新型多播技术，逐渐形成 BIER、基于 BIER 的多播 VPN 等相关技术标准。此后，新型多播技术标准领域进入百家争鸣阶段。在应用试验方面，2022 年前后，中国联通开展多播承载方案研究，在北京、广东两地实施基于 BIERv6 的 IPTV 业务与专线产品落地。

目前，多播技术及业务迎来前所未有的发展契机，展现出日新月异的发展态势。

一方面，随着 5G、AR/VR、高清视频、自动驾驶、云网融合、云边协同等新技术的发展，业务流量呈现井喷式增长，业务需求转向低时延、大带宽、广连接、算力融合、安全隔离等方面。根据 2022 年发布的第 50 次《中国互联网络发展状况统计报告》，在统计周期内，网络视频（含短视频）用户规模为 9.95 亿，视频流量在互联网流量中的占比或超 80%。据华为 GIV（全球产业展望）预测，2025 年全球 VR/AR 用户将增长到 3.37 亿，采用 VR/AR 技术的企业所占比重将增长到 10%。视频业务正逐渐成为金融、教育、电商、娱乐等行业信息交互的主要手段。其中，高清晰度、高效传输、高交互性的要求也对网络性能提出了新要求。

另一方面，在业务需求和业务流量日新月异的同时，在网络层面正向着算网融合演进，"云网边端业"一体化的发展趋势不断明确。其中，IPv6 及其演进技术是业界公认的下一代网络架构升级的重要方向。和 IPv4 相比，IPv6 具有更大的地址空间，使用更小的路由表，支持自动配置；同时通过数据加密，提供更高的安全特性；通过报文头扩展，提高协议灵活度；通过报文头格式优化和选项字段扩展，可提高路由选择速率和功能扩展性。基于 IPv6 的控制平面、数据平面和管理平面技术也在蓬勃发展，如 SRv6、网络切片技术、IFIT 技术和应用感知技术等。IPv6 和以 SRv6 为代表的 IPv6+ 技术通过报文头扩展、列表定义和字段编辑，提供更高的灵活性和可扩展性。在业务需求变化和技术发展的双重驱动下，多播技术持续发展，迎来了高速发展时期。

10.1.1　多播技术发展过程

多播技术经历了漫长的发展过程。传统多播技术多应用于电信运营商内部 IPTV 业务承载，通常使用专用网络资源。根据业务承载能力划分，多播技术发展过程可以分为以下 4 个阶段。

1. 公网多播阶段

在公共 IP 网络中，采用多播技术 PIM。PIM 与单播路由协议类型无关，只要网络设备间存在可达单播路由，PIM 就可以借助单播路由创建多播树（转发表），指导多播数据转发。多播树随着组成员的动态加入和退出而产生动态变化。

2. IP多播VPN阶段

在多播 VPN 业务中，采用 Rosen 方式的多播 VPN（MVPN）技术。Rosen MVPN 将私网 PIM 实例中的多播数据和控制报文通过公网传递到 VPN 的远端站点。PIM 报文不经过扩展的 BGP 处理，直接通过隧道转发，所有 VPN 协议和数据报文在公网中均为透明传输。

3. MPLS多播VPN阶段

采用基于 MPLS 隧道技术的 NG-MVPN，通过 BGP 传递私网多播路由，借助 MPLS P2MP 隧道传递私网多播流量。将 PIM 报文转换为 BGP MVPN 协议报文，在 PE 之间进行传递。MVPN 数据报文通过承载网 P2MP 隧道上的 MPLS 的标签转发表进行快速转发。

4. 新型多播阶段

随着新型多播业务的快速发展，一张网络需要承载多种不同的多播业务。传统多播技术存在一系列问题，即协议复杂，针对每条数据流都创建了一棵从源到接收者的多播树；多播树的根节点是源主机，叶节点是目的主机，中间节点是路由器，通过建立多播树，可以实现从源主机到目的主机的数据传输；随着用户的加入、退出，需要实时新增、删除和更新多播树；大量中间节点需要创建和维护多播流状态；创建多播树会占用大量的资源，不利于在大规模网络中部署，同时也给网络运维和业务运维带来困难。BIERv6 技术基于 IPv6 转发架构，提供多播承载能力，彻底摆脱 MPLS 转发架构，并与单播 SRv6 承载架构保持一致，使得网络整体架构归一化、简洁化，更利于网络运维和管理。BIERv6 可以承载 MVPN 和公网业务，可对不同业务进行隔离，也可以同时承载 IPv4 业务和 IPv6 业务。

10.1.2　新型多播技术标准化进展情况

新型多播技术标准主要在 IETF 标准组织中讨论，采用 BIER 的理念已经在业界基本形成共识，BIER 相关标准目前较为成熟。其中，标准文稿 RFC 8279 是 2014 年提交的 IETF 个人草案，历经 5 次更新，在 2015 年成为工作组草案，并于 2017 年成为 IETF 正式标准。在此过程中，2015 年 3 月，IETF 成立了 BIER 工作组，负责 BIER 技术推进和标准制定工作。RFC 8279 是 BIER 领域标准演进的基础，它定义了 BIER 的系统架构、功能分层，规定了 BIER 基本转发原理，标准化了 BIER 封装方法，定义了 MPLS 和 Non-MPLS 网络中 BIER 报文头封装和字段含义。RFC 8401 标准化了基于 IS-IS 协议的 BIER 信息扩展。RFC 8444 标准化了基于 OSPFv2 的 BIER 信息扩展。RFC 8556 定义了基于 BIER 的多播 VPN 中的多播隧道使用和数据平面的封装要求。RFC 9262 定义了用于多播流量工程的基于 BIER 的 Tree Engineering，用于对 BIER 的多播路径进行严格或松散的路径约束。RFC 9272 标准化了 BIER 底层算法，定义了 BIER 计算到达其他支持 BIER 转发能力的路由器（BFR）的 Underlay 路径。

在工作组草案时期，讨论内容集中在基于 BGP 的信息扩展、IPv6 数据平面的 BIER 实现和 EVPN 多播等方面；在个人提案时期，关注内容集中于 BIER-TE 的协议扩展、保护场景、FRR 和 Egress 节点保护等方面。

目前，相关标准和草案已覆盖 BIER 协议层扩展和多播业务承载。其中，基于 IPv6 隧道传送 BIER 报文的控制平面和数据平面是热点，BIER 跨 AS 相关的 BGP 控制平面、BIER 可靠性保护机制等还需要进一步完善。

10.2　IPv6+ 新型多播技术原理

10.2.1　BIER 技术架构

位索引显式复制（BIER）是一种新型多播技术。如前所述，它通过将多播报文目的节点的集合以比特串的方式封装在报文头中进行发送，报文头信息使用比特串来指示多播叶节点，中间节点无须维护多播流，仅转发相关状态信息，进而完成无状态多播转发。通过逻辑功能分层，在控制平面，BIER路由器可以基于 IPv4 或 IPv6 路由协议确定 BIER 转发路径；在数据平面，BIER 路由器可以采用 MPLS、以太网、IPv6 等方式对 BIER 报文进行封装、解封装、转发。

1. BIER基本概念

利用 BIER 技术可实现无状态多播转发，具有协议简化、易运维、高可靠性等特点。BIER 技术涉及的网络节点、基本概念如图 10-1 所示。

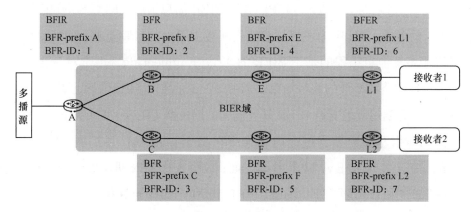

图 10-1　BIER 技术涉及的网络节点、基本概念

在图 10-1 中，路由器 A、路由器 B、路由器 C、路由器 E、路由器 F、路由器 L1、路由器 L2 均支持 BIER 转发能力，它们构成的网络被称为 BIER 域（BIER 域是从业务转发的角度定义的一个统称）。在 BIER 域内，所有支持BIER转发能力的路由器均被称作BIER转发路由器(BFR)。其中，路由器 A 是多播报文进入 BIER 域的入口节点，被称作 BIER 转发入口路由器（BFIR，多播报文从此路由器进入 BIER 域，此路由器负责为多播报文封装 BIER 报文头信息）；路由器 L1 和路由器 L2 是多播的叶节点，是多播报文在 BIER 域的出口节点，被称作 BIER 转发出口路由器（BFER，多

播报文从此路由器离开 BIER 域，此路由器对多播报文的 BIER 报文头进行解封装，并将报文转发给接收者）。BFIR 和 BFER 都属于 BIER 域的边缘路由器。

在 BIER 域内，BFR 之间可以相互通告 BIER 信息，BIER 信息包括 BFR-prefix(BIER 路由器前缀)、BFR-ID(BIER 路由器标识)、Bit String、BSL(比特串的长度)、Sub-domain(子域) 等。其中，BFR-prefix 是 BFR 在 BIER 域内的可路由 IP 地址，通常采用 Loopback(环回) 地址作为 BFR-Prefix。BFR-ID 是 BIER 域为路由器分配的标识，用来标识 BFR，例如，在一个包括 256 台路由器的 BIER 域中，BFR-ID 的取值范围为 1 ～ 256。此处所述的 Bit String 是 BIER 域内的具有特定长度的比特串，用于标识一组 BFR。Bit String 中的每一位均对应一个 BFR-ID。在图 10-1 中，路由器 A 的 BFR-ID 是 1，也可以用为 0000001 的 Bit String 表示，BSL 是 7。BFR 的数量直接影响 BSL 的数值，当网络中的 BFR 规模庞大时，引入 Sub-domain 概念，用于划分出 BIER 子域（BIER 子域是对 BIER 配置管理的基本单元，BIER 的配置管理、控制平面消息传输，都通过子域完成；一台路由器可以配置一个或多个子域，用在多拓扑、跨 IGP Area 分段多播部署等场景中）。

在通过 BFR 之间传递的 BIER 信息，在每台 BFR 上均会形成 BIER 转发表（BIFT），用于指导多播报文在 BIER 域内的转发。

2. BIER技术架构

RFC 8279 将 BIER 网络分为 3 层，即 Underlay 层、BIER 层和 Overlay 层。

Underlay 层是实现 BIER 的基础，负责建立 BIER 域内节点间的邻接关系，并维护节点间的路径信息，实现网络互通。

BIER 层是实现 BIER 的关键，主要功能是完成 BIER 路由信息的通告发布、泛洪，完成本地 BIER 转发表维护。当多播报文进入 BIER 域时，BIER 层根据 BIFT 对多播报文进行转发，BIER 路由器对报文进行封装、解封装和重新封装。BIER 路由器是构建和维护 BIFT 的主体，一个 BIER 路由器可以维护多个 BIFT，每个 BIFT 包含多个表项内容。

Overlay 层负责多播业务控制平面的信息交互，对每个多播数据报文所属的多播数据流进行处理，具体包括：① BIER 域内的 BIER 路由器和叶节点的多播组管理维护，即多播加入、多播离开；② BFIR 报文的封装、解封装；③ BIER 域内多播路径的确认和维护，如确定报文所属公网或 VPN 实例，根据多播组信息复制转发内层多播报文。

3. BIER关键技术

（1）BIER 层控制平面关键技术

BIER 层控制平面主要负责 BIER 路由信息的通告发布、泛洪，在实现方式上，可以通过 IGP、BGP 扩展传递 BIER 相关信息。

① IS-IS 协议扩展携带 BIER 信息：通过 IS-IS 协议传递 BIER 相关信息，即把 BIER 算路信息封装在报文头中，使用 IS-IS LSP 进行泛洪。IS-IS 协议增加了 BIER Sub-TLV 扩展，用于分发 BFR-ID 和 Sub-domain 等信息，图 10-2 所示为 IS-IS 协议的 BIER Sub-TLV 封装格式。

0	7	15	23	31
Type	Length			
BAR	IPA	Sub-domain-ID		
BFR-ID				
Sub-Sub-TLVs(variable)				

图 10-2　IS-IS 协议的 BIER Sub-TLV 封装格式

其中，Type 字段标识后续封装的 BIER 相关信息，取值由 IANA 分配，IS-IS 协议中的取值为 32；Length 字段标识 Sub-TLV 扩展头的长度；BAR 字段标识 BIER 算法，用来计算到达其他 BFR 的 Underlay 路径；IPA 字段标识 IGP 算法，可选择 IGP 增强算法或 IGP 改进算法；Sub-domain-ID 字段标识 BIER 的子域标识，即 SD 值；BFR-ID 字段用来标识该路由器在 BIER 子域中分配标识信息；Sub-Sub-TLVs 字段是 IS-IS 协议扩展的可选的次级

TLV 扩展，用于标识该路由器支持的数据平面封装格式。

② OSPF 扩展携带 BIER 信息：OSPFv2 增加了 BIER Sub-TLV 扩展，用于分发 Sub-domain-ID、MD-ID、BFR-ID 等信息；增加了多个 BIER Sub Sub-TLV，用于分发封装信息。OSPFv3 通过扩展 LSA TLVs 携带 Sub-TLV，传递 BIER 相关信息，通过 BIER Sub Sub-TLV 传递封装信息。OSPFv2 和 OSPFv3 的 BIER Sub-TLV 信息如图 10-3 所示。

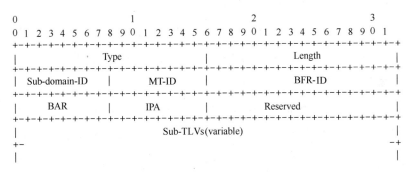

图 10-3　OSPFv2 和 OSPFv3 的 BIER Sub-TLV 信息

其中，Type 字段标识后续封装的 BIER 相关信息，取值由 IANA 分配，OSPFv2 中的取值为 9；Length 字段标识 Sub-TLV 扩展头的长度；Sub-domain-ID 字段标识 BIER 的子域标识，即 SD 值；MT-ID 字段是多拓扑标识符，标识和 SD 对应的拓扑；BFR-ID 字段标识该路由器在 BIER 子域中分配标识信息；BAR 字段标识 BIER 算法，用来计算到达其他 BFR 的 Underlay 路径；IPA 字段标识 IGP 算法，可选择 IGP 增强算法或 IGP 改进算法；Sub-TLVs 字段是 OSPF 扩展的可选的次级 TLV 扩展，用于标识该路由器支持的数据平面封装格式；Reserved 字段是保留字段。

③ BGP 扩展携带 BIER 信息：目前 BGP 可通过 PATH 属性传递 BIER Sub-TLV，并在 BIER Sub-TLV 中携带封装方式及 BIER 相关信息。BGP 的 BIER Sub-TLV 信息如图 10-4 所示。

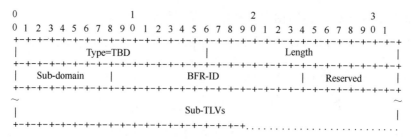

图 10-4　BGP 的 BIER Sub-TLV 信息

其中，Type=TBD 字段的长度为 16 位，用于标识后续携带的 BIER 相关扩展信息，取值由 IANA 分配；Length 字段标识 Sub-TLV 扩展头的长度；Sub-domain 字段标识 BIER 的子域标识；BFR-ID 字段标识该路由器在 BIER 子域中分配标识信息；Sub-TLVs 字段用来携带一个或多个 Sub-TLV 信息；Reserved 字段是保留字段。

④ BIRT/BIFT 的维护：BIER 层控制平面的另一个关键功能是生成并维护位索引路由表（BIRT）和 BIFT。BIRT 是 BFER 的 BFR-ID 与 BFR-Prefix 间的映射表。BIFT 来自 BIRT，它对 BIRT 中的 SI 和 BFR-NBR(BFR 邻居，标识某个 BFR-ID 的下一跳邻居）进行同类合并、运算，得到 SI 和 BFR-NBR 相对应的位掩码，即转发位掩码（F-BM，标识在往下一跳邻居复制、发送报文时，通过该邻居能到达的 BIER 域边缘节点的集合）。

• BIRT 生成过程具体如下。

IGP 和 BGP 通过扩展 TLV 信息传递和交换 BIER 域相关信息，可获得 BIER 域内 BFR 的 SD 值、BSL、BFR-ID 等信息。以 IS-IS 协议为例，图 10-5 所示为基于路由协议构建的 BIRT 示意。

路由器 A 在接收到 BIER 域内其他 BFR 通过 IGP/BGP 分发的 BIER 信息后，以 Prefix-ID 为索引，建立 BIRT 的表项。路由器 A 获知和路由器 B 之间是直连关系，路由器 B 的 Prefix-ID 是 Loopback B，路由器 B 的 BFR-ID 是 0000010。路由器 A 获知和路由器 C 之间是直连关系，路由器 C 的 Prefix-ID 是 Loopback C，路由器 C 的 BFR-ID 是 0000100。路由器 A 获知和路由器 E 之间是非直连关系，通过邻居 B 互联，路由器 E 的 Prefix-ID 是 Loopback E，路由器 E 的 BFR-ID 是 0001000。以此类推，可以获得 BIER 域内完整的 BIRT 表项信息。由此构建起 BIER 层控制平面用于路由寻址的基础信息。

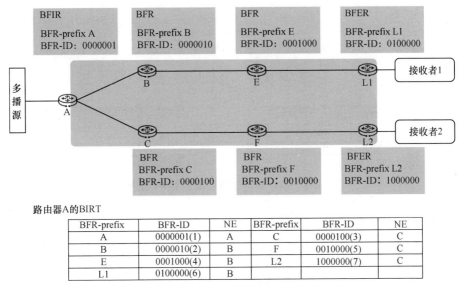

路由器A的BIRT

BFR-prefix	BFR-ID	NE	BFR-prefix	BFR-ID	NE
A	0000001(1)	A	C	0000100(3)	C
B	0000010(2)	B	F	0010000(5)	C
E	0001000(4)	B	L2	1000000(7)	C
L1	0100000(6)	B			

图 10-5　基于路由协议构建的 BIRT 示意

- BIFT 生成过程具体如下。

在 BIER 域内完成多播信息通告和 BIRT 建立后，BFR 节点根据 BIRT 内容生成 BIFT，对 BIRT 中到相同 BFR 邻居的所有 BFR-ID 执行"或"运算，得到 F-BM 列内容。基于路由协议构建的 BIFT 示意如图 10-6 所示。

路由器 A 建立 BIRT 的各项信息后，对相同邻居发布的 BFR-ID 信息进行"或"运算。从邻居路由器 B 发布的 BFR-ID 包括 0000010、0001000 和 0100000，对 3 个数值进行"或"运算得到 0101010，即路由器 B 对应的 F-BM 表项。以此类推得到 1010100，即路由器 C 对应的 F-BM 表项。因此可得到路由器 A 的 BIFT 表项，用于指导报文转发过程。

由此完成了 BIER 控制平面内 BIRT 和 BIFT 的构建，可以指导数据平面报文的路由和转发。

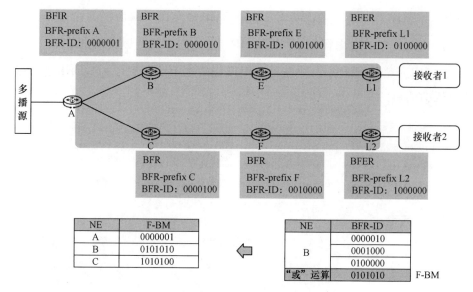

图 10-6　基于路由协议构建的 BIFT 示意

（2）BIER 层数据平面关键技术

BIER 层数据平面主要负责 BIER 信息封装格式的约定。BIER 信息在报文中的表现形式有两种，一种是直接封装在 BIER 报文头中，另一种是将 Sub-domain、BSL、Set Identifier 映射为 BIER 标签信息，BIER 报文头主要携带 Bit String。

① BIER 信息封装：BIER 报文头位于内层多播报文和 Underlay 层封装（MPLS 报文头、IPv6 报文头等）之间，封装格式由 RFC 8296 定义。基础 BIER 报文头格式如图 10-7 所示。

0			19	22	23		31
MPLS label/BIFT-id(nonMPLS label)			TC	S		TTL	
Nibble	Ver	BSL	Entropy				
OAM	Rsv	DSCP	Proto	BFIR-ID			
Bit String(first 32位)							
......							
Bit String(last 32位)							

图 10-7　基础 BIER 报文头格式

对于 MPLS label/BIFT-id（nonMPLS label）字段，Underlay 层的协议为 MPLS 时，标识 MPLS 标签；Underlay 层的协议为其他协议时，标识 BIFT 的 BIFT-ID，BIFT-ID 是报文转发使用的 BIFT 标识，由三元组（BSL、SD、SI）唯一确定，根据不同数据平面格式，取值不同。TC 字段是流量类型字段。S 字段是标签栈底标识字段。TTL 字段是有效最大跳数字段。Nibble 字段用来区分 BIER 封装和 MPLS 的等价多路径路由（ECMP）功能，采用固定值 0101。Ver 字段标识版本号，当取值为 0 时，标识实验中的版本。BSL 字段标识 Bit String 的长度。Entropy 字段用于支持 ECMP 功能，拥有相同的 Entropy 及 Bit String 的报文，选择同一条路径。OAM 字段默认值为 0，可用 Ping/Trace，不影响转发和 QoS。Rsv 字段是保留位。DSCP 字段代表报文自身优先级，决定报文传输优先程度。Proto 字段标识 Payload 报文类型。BFIR-ID 字段标识多播报文进入 BIER 域内 BFIR 的 BFR-ID。Bit String 字段的每位与一个 BFER 的 BFR ID 对应，将该位设置为 1，则标识报文要转发给对应的 BFER。Bit String 和 SD、SI 一起用于标识一组 BFER。

在数据平面上，BIER 报文头和载荷的封装，可以是 IPv6 报文或 IPv4 报文，也可以是 MPLS 报文或以太网报文。BIER 既支持 IPv4 多播业务，也支持 IPv6 多播业务，通过上游标签分配方式，还可以支持多播 VPN 业务。

② BIER 转发过程：路由器对 BIER 报文头信息进行解封装后，可获得 BIER 多播相关的 Bit String、BFR-ID、BIFT 等关键信息。BIER 转发过程如图 10-8 所示，下面以 A → B → D → H 路径为例说明 BIER 转发过程。步骤 1：多播源向 BFIR 节点 A 发送多播信息，A 将其封装在 BIER 报文头信息中，并通过 BIFT 匹配到下一跳 B 和 C。步骤 2：A 匹配到邻居 B 后，根据 BIFT 表项的 F-BM 信息，将 BIER 报文头信息中的 Bit String 改写为 0110000000 后，向 B 发送。步骤 3：B 查询本节点的 BIFT，匹配到下一跳 D 和 E。步骤 4：B 根据 BIFT 表项的 F-BM 信息，将 BIER 报文头信息中的 Bit String 改写为 0010000000 后，向 D 发送。D 查询本节点的 BIFT，匹配到下一跳 H，步骤 5：D 根据 BIFT 表项的 F-BM 信息，将 BIER 报文头信息

中的 Bit String 改写为 0010000000 后，向 H 发送。H 识别本节点为叶节点，BIER 域内的转发过程结束，H 向接收者 1 发送多播数据。

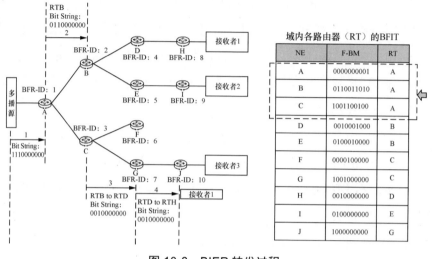

图 10-8　BIER 转发过程

10.2.2　BIERv6 关键技术

　　BIERv6 是一种新型多播技术，它继承了 BIER 技术思想，通过位索引显式复制方式构建无状态多播。BIERv6 与 BIER 间的最大不同之处在于 BIERv6 是基于 Native IPv6 的多播方案，它将 BIER 协议与 Native IPv6 报文相结合，摆脱了 MPLS 标签。BIERv6 技术存在分支，中兴通讯称之为 BIERin6，中国移动的企业标准为 G-BIER(通用位索引显式复制)。

1. BIERv6控制平面原理

　　BIERv6 控制平面主要负责 BIER 信息的通告发布，可以通过 IGP、BGP 扩展传递 BIER 相关信息。BIERv6 控制平面通过 IS-IS 协议新增 BIER-Sub-TLV 扩展，用于通告 Sub-Domain ID 和 BFR-ID 等信息；还扩展了 non-MPLS 封装的 Sub-Sub-TLV 信息，用于通告 Max SI、BSL 和 BIFT-ID 起始值。

基于 IS-IS 协议的 BIERv6 控制平面 Sub-Sub-TLV 信息如图 10-9 所示。其中，Type 字段的长度为 8 位，取值为 6 时，标识携带 BIERv6 封装信息；取值为 2 时，标识携带 G-BIER 封装信息。Length 字段的长度为 8 位，用来标识扩展报文头长度。Max SI 字段的长度为 8 位，是域内 Set Identifier 的最大值，指定在 BIER 子域中的 Bit String 长度。每个 SI 均对应标签范围内的一个标签。第一个标签对应 SI=0，第二个标签对应 SI=1，以此类推。BSL 字段的长度为 4 位，指定本地 Bit String 长度。BIFT-ID 字段的长度为 20 位，封装报文时固定填入 0，接收报文时忽略，可视为保留字段。

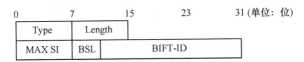

图 10-9　基于 IS-IS 协议的 BIERv6 控制平面 Sub-Sub-TLV 信息

基于 OSPFv2 和 OSPFv3 的 BIERv6 原理和基于 IS-IS 协议的 BIERv6 原理类似，相关扩展信息如图 10-10 和图 10-11 所示。

```
 0                   1                   2                   3
 0 1 2 3 4 5 6 7 8 9 0 1 2 3 4 5 6 7 8 9 0 1 2 3 4 5 6 7 8 9 0 1
+-+-+-+-+-+-+-+-+-+-+-+-+-+-+-+-+-+-+-+-+-+-+-+-+-+-+-+-+-+-+-+-+
|              Type             |             Length            |
+-+-+-+-+-+-+-+-+-+-+-+-+-+-+-+-+-+-+-+-+-+-+-+-+-+-+-+-+-+-+-+-+
|     Max SI    |                    BIFT-ID                    |
+-+-+-+-+-+-+-+-+-+-+-+-+-+-+-+-+-+-+-+-+-+-+-+-+-+-+-+-+-+-+-+-+
| BS Len |                     Reserved                         |
+-+-+-+-+-+-+-+-+-+-+-+-+-+-+-+-+-+-+-+-+-+-+-+-+-+-+-+-+-+-+-+-+
```

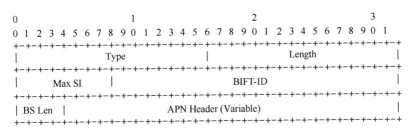

图 10-10　基于 OSPFv2 的 BIER Sub-Sub-TLV 信息

```
 0                   1                   2                   3
 0 1 2 3 4 5 6 7 8 9 0 1 2 3 4 5 6 7 8 9 0 1 2 3 4 5 6 7 8 9 0 1
+-+-+-+-+-+-+-+-+-+-+-+-+-+-+-+-+-+-+-+-+-+-+-+-+-+-+-+-+-+-+-+-+
|              Type             |             Length            |
+-+-+-+-+-+-+-+-+-+-+-+-+-+-+-+-+-+-+-+-+-+-+-+-+-+-+-+-+-+-+-+-+
|     Max SI    |                    BIFT-ID                    |
+-+-+-+-+-+-+-+-+-+-+-+-+-+-+-+-+-+-+-+-+-+-+-+-+-+-+-+-+-+-+-+-+
| BS Len |              APN Header (Variable)                   |
+-+-+-+-+-+-+-+-+-+-+-+-+-+-+-+-+-+-+-+-+-+-+-+-+-+-+-+-+-+-+-+-+
```

图 10-11　基于 OSPFv3 的 BIER Sub-Sub-TLV 信息

其中，关键字段及含义与 IS-IS 协议扩展类似。

2. BIERv6数据平面原理

BIERv6 数据平面通过 IPv6 基本报文头中的 Next Header（下一报文头）来指示之后的 BIER 报文头。BIERv6 报文的封装可以与其他 IPv6 报文扩展报文头无缝融合，BIER 报文可以放置在 IPv6 扩展报文头（如 HBH 字段和 DOH 字段）后面，通过扩展报文头中的 Next Header 标识其载荷为 BIER 报文。

完整 BIERv6 报文结构如图 10-12 所示。其中，BIFT-ID 字段是报文转发使用的 BIFT 标识，由长度为 4 位的 BSL、长度为 8 位的 Sub-domain、长度为 8 位的 Set ID 组成，根据不同数据平面格式，取值不同。其他字段参见图 10-7 中的 BIER 报文头字段。

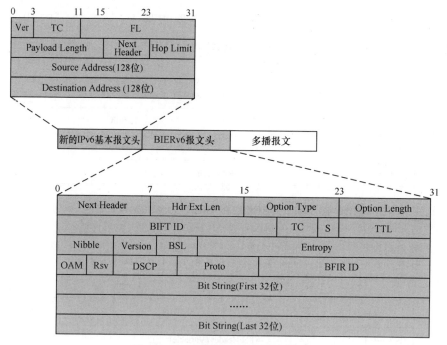

图 10-12　完整 BIERv6 报文结构

10.2.3　MSR6 关键技术

MSR6 可以进一步细分为 MSR6 BE 和 MSR6 TE 技术方案。其中，MSR6 BE 继承了 BIER 技术思想，通过 IPv6 报文的 DOH 字段封装在 BIER 报文头中，实现数据平面转发；MSR6 TE 则继承了 SRv6 在指示显式路径方面的优势，将路径信息和多播叶节点信息封装在 SRH 中。

1. MSR6控制平面原理

目前，MSR6 处于发展初期，MSR6 控制平面主要负责 BIER 信息的通告发布，它通过 IGP、BGP 扩展传递 BIER 相关信息，由此可以看出，其控制平面原理承袭 BIER 和 BIERv6。

MSR6 控制平面的另一主要功能是生成并维护 BIRT 和 BIFT。在 MSR6 域内，支持 MSR6 能力的节点通过 IGP、BGP 扩展信息，通告本地 BFR-prefix、Sub-domain ID、BFR-ID、BSL、路径计算算法等信息。最终，MSR6 节点经过路径计算，获知当前节点到每个 MSR6 邻居的路径信息，生成 BIRT 内容。当 MSR6 内部存在子域划分的情况时，子域内的多播流量通过查询 BIFT，实现逐跳转发。要完成 BIERv6 报文转发，必须在每个节点提前生成 BIFT，而 BIRT 是生成 BIFT 的前提。每张 BIFT 均由三元组（BSL、SD、SI）确定。每个 BFR 节点均根据 BIRT 内容生成 BIFT 表项，对 BIRT 中到相同 BFR 邻居的所有 BFR-ID 执行"或"运算，得到 F-BM 列内容。

2. MSR6数据平面技术

MSR6 数据平面主要实现数据报文封装格式的定义和业务数据的转发。

（1）MSR6 BE 报文封装

目前在 MSR6 BE 方案中，定义了通过全局位串进行复制转发（RGB），用于标识多播信息。RGB 结构信息如图 10-13 所示。

```
 0                   1                   2                   3
 0 1 2 3 4 5 6 7 8 9 0 1 2 3 4 5 6 7 8 9 0 1 2 3 4 5 6 7 8 9 0 1
+-+-+-+-+-+-+-+-+-+-+-+-+-+-+-+-+-+-+-+-+-+-+-+-+-+-+-+-+-+-+-+-+
|                 BIFT-ID               | Rsv |      TTL        |
+-+-+-+-+-+-+-+-+-+-+-+-+-+-+-+-+-+-+-+-+-+-+-+-+-+-+-+-+-+-+-+-+
|  Rsv  | Ver |  BSL  |                Entropy                  |
+-+-+-+-+-+-+-+-+-+-+-+-+-+-+-+-+-+-+-+-+-+-+-+-+-+-+-+-+-+-+-+-+
|OAM|Rsv |   DSCP    |                 Rsv                       |
+-+-+-+-+-+-+-+-+-+-+-+-+-+-+-+-+-+-+-+-+-+-+-+-+-+-+-+-+-+-+-+-+
|                  Bit String（First 32位）                     ~
+-+-+-+-+-+-+-+-+-+-+-+-+-+-+-+-+-+-+-+-+-+-+-+-+-+-+-+-+-+-+-+-+
~                                                               ~
+-+-+-+-+-+-+-+-+-+-+-+-+-+-+-+-+-+-+-+-+-+-+-+-+-+-+-+-+-+-+-+-+
~                  Bit String（Last 32位）                      |
+-+-+-+-+-+-+-+-+-+-+-+-+-+-+-+-+-+-+-+-+-+-+-+-+-+-+-+-+-+-+-+-+
```

图 10-13　RGB 结构信息

MSR6 BE 数据平面通过 IPv6 报文的 DOH 字段对 RGB 结构信息进行封装，并指导报文转发。具体来说，MSR6 BE 数据平面在 DOH 字段中定义新的 Option Type 值，通过 Option 字段封装 RGB 结构信息。

DOH 字段封装 RGB 结构信息如图 10-14 所示，Next Header 字段用于标识下一个 IPv6 扩展报文头的类型。Hdr Ext Len 字段用于标识下一个扩展报文头的长度。Option Type 字段标识本扩展报文头中的扩展类型，MSR6 BE 方案通过 Option Type 字段标识封装 RGB 结构信息。Option Length 字段用于标识本扩展报文头中的 Option 长度及 RGB 长度。

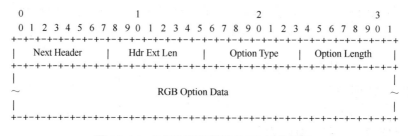

```
 0                   1                   2                   3
 0 1 2 3 4 5 6 7 8 9 0 1 2 3 4 5 6 7 8 9 0 1 2 3 4 5 6 7 8 9 0 1
+-+-+-+-+-+-+-+-+-+-+-+-+-+-+-+-+-+-+-+-+-+-+-+-+-+-+-+-+-+-+-+-+
|   Next Header   |   Hdr Ext Len   |  Option Type  | Option Length |
+-+-+-+-+-+-+-+-+-+-+-+-+-+-+-+-+-+-+-+-+-+-+-+-+-+-+-+-+-+-+-+-+
|                                                               |
~                       RGB Option Data                         ~
|                                                               |
+-+-+-+-+-+-+-+-+-+-+-+-+-+-+-+-+-+-+-+-+-+-+-+-+-+-+-+-+-+-+-+-+
```

图 10-14　DOH 字段封装 RGB 结构信息

（2）MSR6 BE 转发过程

MSR6 BE 方案定义了一种新的 Segment(即 RGB Segment)，用于指导 MSR6 BE 的转发过程。RGB Segment 指导多播数据报文根据 RGB 结构信息携带的 Bit String 进行复制和转发，在形式上是长度为 128 位的 IPv6 地址，在结构上可以划分为 Locator、Function 和 Arguments。在多播数据报文的转发过程中，RGB Segment 作为该报文的目的地址进行封装。同时，MSR6 BE 方案为 RGB Segment 定义了 End.RGB。当节点接收到 IPv6 报文，并发现报文目的地址是本节点发布的 RGB Segment 时，按照报文携带的 BIFT 进行报文的复制和转发。典型的 MSR6 BE 转发过程示例如图 10-15 所示。

　　在图 10-15 中，路由器 A、路由器 B、路由器 C、路由器 D 均支持 MSR6 BE 功能，路由器 a 不支持 MSR6 BE 功能。在某多播路径中，路由器 A 是 MSR6 域入口（简称 MSR6-IN），路由器 B 是 MSR6 域内复制节点（简称 MSR6-Re），路由器 C、路由器 D 是 MSR6

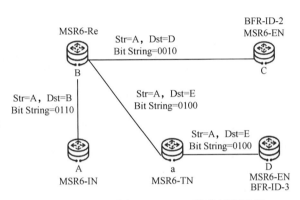

图 10-15　典型的 MSR6 BE 转发过程示例

域内叶节点（简称 MSR6-EN），路由器 a 是不支持 MSR6 能力的节点（简称 MSR6-TN）。

　　路由器 A 接收到多播报文后，根据 Bit String=0110，查找 BIFT 表项得知下一跳是路由器 B，封装 IPv6 报文。其中，源地址是本节点地址（即路由器 A 地址），目的地址是路由器 B 地址。

　　报文到达路由器 B 后，路由器 B 发现报文的目的地址是本地发出的 RGB Segment，则根据 RGB Option Data 字段中的封装 Bit String 信息进行转发。转发时，可以匹配到以下两条记录。①匹配到 BFR-ID=2 的记录，报文由路由器 B 向路由器 C 发送，Bit String 和 BFR-ID 通过计算获得新的 Bit String=0010，封装在 RGB 中。外层 IPv6 地址的源地址是路由器 A 地址，目的地址是路由器 C 地址。路由器 C 接收到数据后，发现报文的目的地址也是本地发出的 RGB Segment，对比 Bit String 和 BFR-ID，判断本节点为多播叶节点，对 IPv6 报文头和 RGB 报文头进行解封装，并将多播报文转发。②匹配到 BFR-ID 为 3 的记录，报文由路由器 B 向 MSR6 域内邻居路由器 D 发送，Bit String 和 BFR-ID 通过计算获得新的 Bit String=0100，封装在 RGB 中。外层 IPv6 地址的源地址是路由器 A 地址，目的地址是路由器 D 地址。路由器 a 接收到数据后，根据 IPv6 单播转发流程进行转发。路由器 D 接收到数据后，发现报文目的地址同样是本地发出的 RGB Segment，对比 Bit String 和 BFR-ID，判断本节点为多播叶节点，对 IPv6 报文头和 RGB 报文头进行解封装，并将多播报文转发。

（3）MSR6 TE 报文封装

在 SRv6 单播方案中，采用 Segment List 定义单播路径。在数据结构上，Segment List 是带有指针的一维数组，可以用于标识点到点路径。在 MSR6 TE 方案中引入了 MRH 和 M-SID，用于表示多播路径上的路径信息、节点 / 链接约束条件，并在新的 SID 中引入结构信息，以指示多播复制期间的父子关系。MRH 是基于 SRv6 报文封装定义的一种新源路由类型，其结构示意如图 10-16 所示。

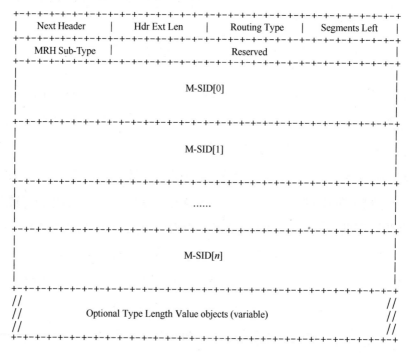

图 10-16　MRH 结构示意

Next Header 字段标识下一扩展报文头，是标准 IPv6 扩展报文头。Hdr Ext Len 字段标识下一扩展报文头的长度。Routing Type 字段标识路由类型，在 MSR6 TE 方案中分配了新的路由类型，标识本扩展报文头为 MRH 类型，取值由 IANA 分配。Segments Left 字段用于标识在数据报文到达目的地之前还需经过多少节点。MRH Sub-Type 字段标识 MRH 子类型，子类型的值由 IANA 分配。Reserved 是保留字段。Optional Type Length Value objects 用于携带不适合在段列表中显示的其他类型信息。

M-SID 是在 MSR6 TE 方案中新定义的多播 SID，基于 SRv6 报文封装。MSR6 TE 方案定义了两种新 M-SID(End.RL SID 和 End.RL.X SID)，用于标识多播场景中多播路径信息和节点之间的父子关系。M-SID 字段示意如图 10-17 所示，其中，Locator 是 MRH 字段的定位器部分，是 IPv6 前缀，当 MRH 字段的定位器部分可路由时，它会导向实例化 SID 的节点；Function 是与 MRH 字段绑定的本地行为标识；Replication number 是复制数量，用于指示现有节点应执行的复制次数；Pointer 是指针，用于指示子节点的 MSR6 SID 位置。

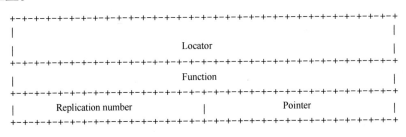

图 10-17　M-SID 字段示意

如前文所述，目前标准草案定义了两种新 M-SID，即 End.RL SID 和 End.RL.X SID。

End.RL SID 作为 RFC 8986 中的 End SID 扩展。由多个 End.RL SID 组成的段列表编码，遵循以下规则：①对于多播树中的每个复制端点，均必须有一个 End.RL SID；②具有相同父节点的子节点的 End.RL SID 必须按顺序排列在段列表中；③父节点的 End.RL SID 必须指示子节点的 End.RL SID

位置。每个 End.RL SID 都有两个 Arg 参数，即 Replication number 和 Pointer，前者用于指示父节点应该执行的复制次数，后者用于指示 End.RL SID 的位置。

End.RL.X SID 作为 RFC 8986 中的 End.X SID 扩展。由 End.RL.X SID 组成的段列表编码，遵循以下规则：①每个连接到多播树中的复制端点的下游链路，都必须包含一个 End.RL.X SID；②与连接到同一复制端点的下游链路对应的 End.RL.X SID 必须在段列表中连续排列；③父节点的 End.RL.X SID 必须指示子节点的 End.RL.X SID 的位置。每个 End.RL SID 也有两个 Arg 参数，即 Replication number 和 Pointer，前者指示现有节点应执行的复制次数；后者指示子节点第一个下游链路的 End.RL.X SID 在段列表中的位置。

MSR6 TE 方案通过新增 MRH 头部和 M-SID，标识多播路径信息和节点父子关系。该结构要求，具有同一个父节点的一组子节点 SID 必须同时在 MRH 的 M-SID 段列表中。Pointer 和 Replication number 可以确定子节点段剩余值的上限和下限。转发数据报文的目的地址是现有复制端点的 IPv6 地址。IPv6 报文头的下一个报文头指向一个路由头，该路由头类型是 MRH 类型。

（4）MSR6 TE 转发过程

在 MSR6 TE 转发过程中，支持 MSR6 功能的路由器通过解析 MRH 头部和 M-SID，对多播报文进行转发。典型的 MSR6 域转发过程示意如图 10-18 所示。其中，路由器 A ～路由器 G 均支持 MSR6 TE 功能，将由它们组成的网络称为 MSR6 多播域。路由器 A 是多播根节点，也是多播隧道的起始节点，负责对数据报文进行封装。路由器 B、路由器 C 是 MSR6 域内中间节点，也是 MSR6 域的复制节点，它们根据封装在 MSR6 报文头中的多播源路由信息复制数据报文，并将数据报文转发到下游节点。路由器 D、路由器 E、路由器 F、路由器 G 是 MSR6 域节点，是多播树的终点、多播隧道的解封装节点。

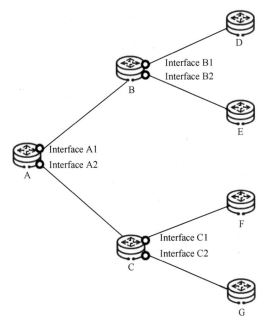

图 10-18　典型的 MSR6 域转发过程示意

① 基于 End.RL SID 的转发原理具体如下。

在节点 A 中，将数据报文封装在一个带有 MRH 的 IPv6 报文头中。IPv6 报文头中的目的地址是段列表中的第一个 SID，即节点 A 的本地 SID。根据在前文中定义的 End.RL SID 行为，数据报文被复制为 2（复制数 +1=1+1=2）个数据报文。在第一个数据报文中，Segment Left 被设置为 2，目的地址被替换为 Segment List；在第二个数据报文中，Segment Left 被设置为 3，目的地址被替换为 Segment List；数据报文分别路由到节点 B 和节点 C。图 10-19 所示为 MSR6 根节点 End.RL 封装说明。

在 MSR6 复制节点 B 中，IPv6 报文头的目的地址是节点 B 的本地 SID。基于 End.RL SID 行为，该

```
+---------------------------------------------------+
| Loc: A  | Fun: End.RL | Rp-Nm: 1 |  P: 2  |
+---------------------------------------------------+
| Loc: B  | Fun: End.RL | Rp-Nm: 1 |  P: 4  |
+---------------------------------------------------+
| Loc: C  | Fun: End.RL | Rp-Nm: 1 |  P: 6  |
+---------------------------------------------------+
| Loc: D  | Fun: End.RL | Rp-Nm: 0 |  P: 0  |
+---------------------------------------------------+
| Loc: E  | Fun: End.RL | Rp-Nm: 0 |  P: 0  |
+---------------------------------------------------+
| Loc: F  | Fun: End.RL | Rp-Nm: 0 |  P: 0  |
+---------------------------------------------------+
| Loc: G  | Fun: End.RL | Rp-Nm: 0 |  P: 0  |
+---------------------------------------------------+
```

图 10-19　MSR6 根节点 End.RL 封装说明

数据报文将被复制成 2（复制数 +1=1+1=2）个数据报文。在第一个数据报文中，Segment Left 被设置为 4，目的地址由 Segment List 替换；在第二个数据报文中，Segment Left 被设置为 5，目的地址由 Segment List 替换；数据报文分别路由到节点 D 和节点 E。在 MSR6 复制节点 C 中，处理过程类似。在 MSR6 复制节点 D 中，IPv6 报文头的目的地址是节点 D 的本地 SID。基于 End.RL SID 行为，当复制数为 0 时，节点 D 停止处理该带有 MRH 的 IPv6 报文头，并继续处理数据报文中的下一个报文头。

② 基于 End.RL.X SID 的转发原理具体如下。

在节点 A 中，将数据报文封装在一个带有 MRH 的 IPv6 报文头中。IPv6 报文头的目的地址是节点 A 的本地 SID。根据前文中定义的 End.RL.X SID 行为，将数据报文复制为 2（复制数 +1=1+1=2）个数据报文。在第一个数据报文中，将 Segment Left 设置为 3，目的地址被替换为 Segment List，并基于指定的邻接节点 A1 发送数据报文。在第二个数据报文中，将 Segment Left 设置为 2，目的地址被替换为 Segment List。根据更新后的目的地址中的参数，将 Segment Left 设置为 5，目的地址被替换为 Segment List，并基于指定的邻接节点 A2 发送数据报文。图 10-20 所示为 MSR6 根节点 End.RL.X 封装说明。

```
+------------------------------------------------+
|  Loc: A1  |  Fun: End.RL.X  |  Rp-Nm: 1|   P: 3   |
+------------------------------------------------+
|  Loc: A2  |  Fun: End.RL.X  |  Rp-Nm: 0|   P: 5   |
+------------------------------------------------+
|  Loc: B1  |  Fun: End.RL.X  |  Rp-Nm: 1|   P: 0   |
+------------------------------------------------+
|  Loc: B2  |  Fun: End.RL.X  |  Rp-Nm: 0|   P: 0   |
+------------------------------------------------+
|  Loc: C1  |  Fun: End.RL.X  |  Rp-Nm: 1|   P: 0   |
+------------------------------------------------+
|  Loc: C2  |  Fun: End.RL.X  |  Rp-Nm: 0|   P: 0   |
+------------------------------------------------+
```

图 10-20　MSR6 根节点 End.RL.X 封装说明

在节点 B 中，数据报文使用 IPv6 报文头封装，并携带一个 MRH。IPv6 报文头的目的地址是节点 B 的本地 SID。基于前文定义的 End.RL.X SID 行为，将数据报文复制为 2（复制数 +1=1+1=2）个数据报文。在第一个数据报文中，目的地址将替换为存储在节点中的相应叶子节点，并基于指定的邻接节点 B1 发送数据报文。在第二个数据报文中，目的地址将替换为存储在节点中的相应叶子节点，并基于指定的邻接节点 B2 发送数据报文。在节点 C 中，处理过程类似。在节点 D 中，IPv6 报文头的目的地址是节点 D 的本地 SID。节点 D 停止处理该带有 MRH 的 IPv6 报文头，并开始处理数据报文中的下一个报文头。

10.3　IPv6+ 新型多播技术应用实践

随着 4K/8K 超清电视、在线教育、网络直播、云游戏和 VR/AR 全景式体验业务日益普及，用户对视频体验提出了更高的诉求。基于传统多播视频承载技术的视频存在点播不快捷、画面不清晰、播放卡顿花屏等问题，难以满足视频用户诉求。而利用 IPv6+ 新型多播技术即可满足上述场景要求。

2021 年 2 月，北京联通联合华为成功完成全球首个 BIERv6 多播视频承载方案的现网试点，并通过端到端 IPTV 视频业务验证。该方案以 EVPN 为控制层面，以 SRv6 为单播承载技术，以 BIERv6 为多播承载技术，极大地简化了网络的控制层面，符合 IPv6+ 网络架构的思想，也满足未来 SDN 演进的要求，具有易部署、高可靠性及功能完善等优点。

2022 年 5 月，广东联通联合华为基于 IPv6+ 技术打造的智能云网 BIERv6 新型多播承载方案，成功在国内率先实现商用。在这之前，广东联通 IPTV 业务从省中心平台到地市用户终端采用分级内容分发网络（CDN）发布，直播频道分级复制，播放时延有时可达秒级，业务体验有待提升；随着直播清晰度和码率的提升，各级 CDN 需要频繁扩容，投入资本居高不下。为了解决上述问题，广东联通联合华为采用智能云网 BIERv6 新型多播承载方案改造网络。

图 10-21 所示为广东联通 IPv6 E2E 多播承载架构。IPTV 直播内容从南方传媒导入广东联通省中心 CDN，省中心 CDN 作为 IPTV 直播业务的多播源。智能云网 BIERv6 新型多播承载方案通过 BIERv6 技术端到端承载 IPTV 直播

业务，IPTV 直播内容从省中心平台传输到地市用户终端，只需基于 BIERv6 多播技术复制一次，降低了多播复制时延，可以达到百毫秒级，提升了客户的视频观看体验，节省了对分级 CDN 的投资，同时还实现了在多播商业模式上的新探索。

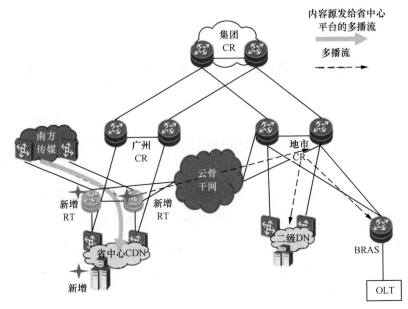

图 10-21　广东联通 IPv6 E2E 多播承载架构

第 11 章

IPv6+ 感知应用技术

基于 IPv6 的应用感知网络（APN6）技术体系的演进包含 3 方面内容：一是通过承载网来提供感知应用服务，实现感知应用的承载网；二是需要端侧提供应用信息传递给网络、云，这是感知应用的互联网；三是网络跟计算结合在一起，网络要感知算力，称之为感知应用的算力网络。

11.1　感知应用技术概述

随着 5G、云网融合技术的发展，在线游戏、视频直播、视频会议等新兴应用对终端、通过互联网提供应用服务（OTT）方、运营商网络提出了高性能、多功能要求，如低时延、低抖动、高可靠性、大带宽等。目前的网络能力尚不足以完全满足各种应用的个性化需求。如何有效实现精细化网络服务、精准化网络运维，是满足差异化需求、促进网络持续发展与演进的关键。

从 OTT 运营的角度来看，OTT 方重视应用感知能力，积极提供应用级服务体验保障能力。以谷歌为例，谷歌专家认为网络利用率低的关键症结在于 Inter-DC WAN 路由器无差别对待各应用数据报文。为此，他们提出对 Inter-DC WAN 网络数据流量进行分析、识别，并将其分为 A 类流量、B 类流量、C 类流量共 3 类。A 类流量为将用户数据复制到远程数据中心的流量，以保证数据的可用性和持久性，其数据量最小，对时延最敏感，因此优先级最高；B 类流量为远程存储访问流量，可进行 MapReduce 等分布式计算操作，优先级排第二名；C 类流量为大规模数据同步流量，用以同步多个数据中心之间的状态，其数据最大，对时延不敏感，优先级最低。对用户、数据报文，甚至某条流量进行标识，根据其特点或需求进行流量引导，可以提供更好的业务保障。

从运营商的角度来看，在 IP 技术发展过程中，出现过一些技术来感知应用，比较典型的有以下 3 种。第 1 种技术是五元组信息，即通过源 IP 地址、源端口、目的 IP 地址、目的端口和传输层协议来标识业务流量。这种技术只能提供间接应用信息，通过五元组进行映射转发，性能比较差，支持的差异化服务、规格、表项有限。另外，如果原始数据报文被封装在隧道中，将很难获取五元组信息。第 2 种技术是深度包检测（DPI）技术，它通过深入解析 IP 报文的应用层信息，进行流量检测和控制。这种技术会带来安全问题、隐私问题及转发性能问题。第 3 种技术结合 SDN 技术，通过协同器和控制器实现应用和网络联动。这种技术需要协同器、控制器及设备交互，为关键应用提供差异化服务的周期长，复杂度较高；同时，涉及诸多系统接口，在标准化和互通方面面临挑战。

以上技术均存在短板，需要一种更加简洁、方便的技术来实现应用和网络的融合。由此，业界提出了 APN6 方案。APN6 利用 IPv6 报文自带的可编程空间，携带包括标识信息、网络性能需求在内的应用信息（APN Attribute）进入网络，使能网络感知应用及其需求，进而为其提供精细化网络服务和精准化网络运维。此方案在一定程度上打破了互联网分层解耦的端到端设计原则，带来了网络架构变革。此方案具备一定优势，首先，网络能够提供更加丰富的服务，通过 IPv6 扩展，支持 SR Policy、网络切片、确定性网络（DetNet）、SFC 及无状态多播，网络有了提供精细化的差异化服务能力；其次，网络测量准确，准确测量是为应用提供精细化服务、保证 SLA 的基础，通过基于 IPv6 的 IFIT 技术，能够提供更加准确的网络测量，还可以提供更好的应用服务；最后，具备细粒度应用信息和标识携带能力，能够更好地将应用映射到丰富的网络服务中。

11.2　感知应用技术原理

11.2.1　APN6 架构

APN6 实际上是一个业务和网络协同的技术体系架构，IETF 文稿 draft-

li-apn-framework 定义了该技术体系架构组成。图 11-1 所示为 APN6 的
网络架构，APN6 由应用侧设备（应用客户端）、云侧设备（应用云服务器）、
网络边缘设备、网络策略执行设备（包括头节点、中间节点、尾节点）、控制
器组成。各组成部分相互配合，实现了 APN Attribute 的生成和封装、根据
APN Attribute 执行相应网络策略等功能。

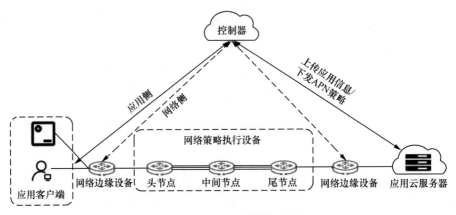

图 11-1　APN6 的网络架构

1. 应用侧/云侧设备

应用侧 / 云侧设备通过应用感知程序感知应用的特征信息，生成 APN
Attribute 数据报文，进入 APN 域。

2. 网络边缘设备

如果应用侧 / 云侧设备不具备应用感知能力，即无法直接发出 APN
Attribute 数据报文，则由网络边缘设备从五元组信息、业务信息（如双
VLAN 标签映射）中解析出 APN Attribute，封装进数据报文中，转发至网络
策略执行设备。

3. 网络策略执行设备

在 APN 域内，感知应用的头节点和尾节点之间存在一组能够满足不同

SLA 需求的网络服务路径。网络策略执行设备中的头节点负责维护入方向流量与网络服务路径间的匹配关系。即从网络边缘设备接收到数据报文后，根据报文携带的 APN Attribute，将流量引入匹配成功、满足需求的路径；也可以将应用信息复制、封装到外侧 IPv6 扩展报文头中，在 SRv6 网络中进一步提供感知应用服务。

网络策略执行设备的中间节点根据头节点匹配的网络服务路径，为应用提供网络转发服务，同时还可以根据报文携带的 APN Attribute，提供其他网络增值业务（VAS），如感知应用的 SFC、感知应用的 IFIT 等。

网络服务路径在网络策略执行设备的尾节点处终结，APN Attribute 可以在尾节点上和路径隧道封装被一起解除。在报文进入路径之前就已经存在的 APN Attribute，可以随 IPv6 数据报文继续传输。

4. 控制器

控制器可以统一规划和维护 APN Attribute，以及 APN Attribute 与应用、网络服务策略之间的映射关系，并将其下发到网络边缘设备和网络策略执行设备。

11.2.2　APN6 解决方案

根据 APN6 架构可知，APN Attribute 可以由网络边缘设备提供，也可以由应用侧 / 云侧设备直接生成。APN6 解决方案分为两种，即网络侧解决方案和应用侧解决方案。

1. 网络侧解决方案

APN Attribute 由网络侧边缘设备提供，网络侧边缘设备从报文五元组信息或业务信息中解析出相应的 APN Attribute，并根据预设策略进行封装，由报文承载，传递给承载网，提供精细化服务。在这种解决方案中，网络边缘设备和网络中提供服务的设备在同一个运营商的控制下，安全和隐私保护受控。不过，网络边缘设备对 APN Attribute 的感知有限，精细度不高。网络侧解决方案需要与控制器协作，如前所述，通过控制器统一规划和维护 APN Attribute，以及 APN Attribute 与应用、网络服务策略之间的映射关系，并将其下发到网络边缘设备和网络策略执行设备。

2. 应用侧解决方案

APN Attribute 由应用侧 / 云侧设备直接生成，并封装在报文中传递给网络。在网络域内，根据报文所携带的 APN Attribute，使能网络感知应用及其需求，进而提供相应感知应用的精细化网络服务。例如映射进入 SRv6 Policy，映射进入 SFC 中的 SFP，驱动基于 IFIT 技术的实时性能监控等。应用侧解决方案能够更加准确地感知 APN Attribute，不过由于涉及端侧、网侧、云侧等多域交互，也存在较严重的安全和隐私问题。应用侧解决方案适合部署在网络和应用由一个组织同时拥有和管理的场景中。

3. 关于上述两种解决方案的演进思路

前文已强调 APN6 解决方案在一定程度上打破了互联网分层解耦的端到端设计原则，带来了网络架构变革。但是，随报文携带进入网络的 APN Attribute，同时带来了网络安全性保证和用户隐私保护挑战。这些挑战主要是由应用侧解决方案带来的。相应地，在研究过程中也有一些应对方案：①对于网络安全性保证面临的挑战，可以在端和网之间的多个控制点上采取终端 OS 隔离保护、APN Attribute 加密、接入验证等方式，有效阻断非法信息入网；②对于用户隐私保护面临的挑战，可以通过 APN Attribute 加密、应用归类分组等方式，避免用户隐私暴露。

综合考虑，网络侧解决方案适宜先部署、推进，即在受限的、可信的运营商网络覆盖范围内感知关键业务，并进行精细化策略映射和执行。针对应用侧解决方案，需要应用侧 / 云侧共同发力。如果运营商联合合作伙伴，牵头整合国内产业链力量，推动端与网互信协同，推进感知应用的 IPv6 方案有序演进，这将催生出新型商业模式，用户、应用提供商、网络运营商三方都能受益。用户可以获得精细化的网络运营服务和端网协同体验；应用提供商可以获得用户黏性的提高；通过感知关键业务，提供精细化网络服务，网络运营商可以提高自身价值。

11.2.3 APN6 报文封装概述

根据 IETF 文稿 draft-li-apn-IPv6-encap 的描述，可以通过扩展 IPv6 数据平面携带 APN Attribute。APN Attribute 可以被封装在 IPv6 的 HBH、DOH 及 SRH 中。APN 报文头可以作为 HBH 或 DOH 的一个新选项来携带。图 11-2 所示为 APN 报文头在 IPv6 选项头中的封装格式，表 11-1 对各字段含义进行了解释。

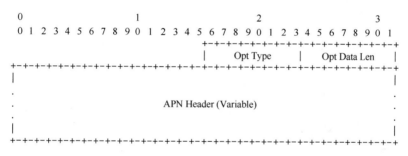

图 11-2　APN 报文头在 IPv6 选项头中的封装格式

表 11-1　APN 报文头在 IPv6 选项头中封装的各字段含义

字段	含义
Opt Type（类型）	长度为8位，取值由IANA分配
Opt Data Len（长度）	长度为8位，标识选项数据的长度（以字节为单位）
APN Header（APN报文头）	携带APN报文头，长度可变

HBH 和 DOH 共用同一个选项类型池，两者都通过 Opt Type 来标识出 APN 选项类型，携带 APN Attribute，但是它们的处理方式不同，通过 HBH 携带信息，可以被路径上的每个节点读取；通过 DOH 携带信息，可以被路径上的相应节点读取。对于 HBH 选项方案，需要转发路径上的所有节点都具备

处理 HBH 扩展报文头的能力，这对节点性能有一定要求。很多厂商设备并不支持 HBH 选项处理，遇到 HBH 选项报文头，会直接丢弃或进入慢处理流程。HBH 选项方案的优点是可以根据 APN Attribute 逐跳进行业务调整等操作，可以为用户提供更好的业务体验。对于 DOH 选项方案，设备需要同时具备解析 DOH 扩展报文头和 SRH 扩展报文头的能力。此方案的中间节点转发性能更优，支持单播、多播场景，目前主流厂商设备均支持 DOH 选项处理。从实现角度来看，DOH 选项处理更具有优势，但从发展角度来看，HBH 选项处理更有发展前景。

APN 报文头也可以放在 SRH 中，作为 SRH TLV 的一种类型，紧跟在段列表之后。通过 SRH 携带的信息可以被 SRv6 路径上的指定段读取。在此方案中，每跳都需要处理 SRH TLV，中间节点处理开销大，但是支持端到端场景，可提供更好的应用感知能力。图 11-3 所示为 APN 报文头在 SRH TLV 中的封装格式，表 11-2 对各个字段含义进行了解释。

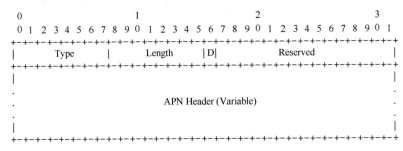

图 11-3　APN 报文头在 SRH TLV 中的封装格式

表 11-2　APN 报文头在 SRH TLV 中封装的各字段含义

字段	含义
Type（类型）	长度为8位，取值由IANA分配
Length（长度）	长度为8位，标识数据的长度（以字节为单位）
D	长度为1位，设置后，标识由于使用精简的段列表，目的地址校验不启用
Reserved（保留字段）	长度为15位，传输时必须为0
APN Header	携带APN报文头，长度可变

11.2.4　APN 报文头格式设计

IETF 文稿 draft-li-apn-header 设计了 APN 报文头格式,如图 11-4 所示。

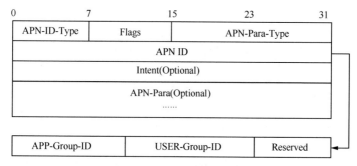

图 11-4　APN 报文头格式

APN 报文头各字段的详细含义如表 11-3 所示。

表 11-3　APN 报文头各字段的详细含义

字段	含义
APN-ID-Type（APN标识类型）	长度为8位,表明APN标识类型,可以标识不同长度的APN-ID,目前分为以下3种类型: ① Type I,长度为32位; ② Type II,长度为64位; ③ Type III,长度为128位
Flags（标识）	长度为8位,保留字段
APN-Para-Type（APN参数类型）	长度为16位,表明APN标识信息指定哪些参数。参数类型的值是位图格式的,排列顺序如下: ① 第0位（最高有效位）设置后,标识有带宽要求; ② 第1位设置后,标识有时延要求; ③ 第2位设置后,标识有抖动要求; ④ 第3位设置后,标识有丢包率要求
APN-ID（APN标识）	必选项,用于标识业务属性,表明携带相同标识的报文会被给予相同的处理,长度根据各类型分别设置为32位/64位/128位,具体包含以下信息: ① APP-Group-ID,长度可变,用于标识该报文所属的应用组; ② USER-Group-ID,长度可变,用于标识该报文所属的用户组; ③ Reserved,保留字段
Intent（意图）	32位标识符,标识业务需求/意图,是可选项

字段	含义
APN-Para（APN参数）	包含APN参数的可变字段。APN参数的存在由APN-Para-Type标识，是可选项。 目前定义的APN-Para是与网络性能要求的相关参数，当位图中该位设置为1，APN报文头中必须存在相应的APN参数，每个APN参数的长度均为32位。 ① Bandwidth：长度为32位，单位为Mbit/s，表明路径的带宽需求。 ② Delay：长度为32位，前8位保留，发送时必须设置为0，接收时必须忽略，后24位单位为ms，表明时延要求，编码为整数值。 ③ Jitter：长度为32位，前8位保留，发送时必须设置为0，接收时必须忽略，后24位单位为ms，表明时延变化要求，编码为整数值。 ④ Packet Loss Ratio：前8位保留，发送时必须设置为0，接收时必须忽略，后24位表明每秒的丢包率，该值是系统允许的最大丢包率

在特定 APN 域内，APN-ID 类型必须保持一致，即其中一个 APN-ID 被设置为 Type I，则在该域内，APN-ID 类型都应该一致。通过 APN Attribute，APN6 技术可以为流量提供不同颗粒度的精细化服务和 SLA 保障。APN 标识信息和不同 APN 参数信息组合，可以更详细地表述业务需求。数据报文携带这样的信息，在网络中可以用来匹配满足上述业务需求的路径、隧道、策略、队列，进而为其提供精细化网络服务和精准化网络运维。

11.2.5 APN 协议扩展信息

APN Attribute 可以通过隧道封装来传递，如基于 IPv6 的 VxLAN 隧道、基于 IPv6 的 UDP 隧道、基于 IPv6 的 GRE 隧道、SRv6 隧道或策略等。为了从现有信息数据报文头中获取 APN Attribute，需要定义 YANG 模型，配置应用组 / 用户组标识信息与报文头中已有信息的映射关系，并为应用组 / 用户组标识信息配置相应的 APN Attribute。还可以通过 BGP 和 PCEP 等协议的扩展来实现，这些协议可以将信息从中央控制器发布到感知应用的边缘设备。

此外，在 APN 域中，上述提到的映射和 APN 参数信息的应用，可以从感知应用的网边缘设备 / 头节点通告其他设备，也可以从网络边缘设备通告 APN 域中的中央控制器。为了达到此目的，可以通过 IGP 扩展或 BGP-LS 扩展来实现。

IETF 文稿 draft-peng-apn-bgp-flowspec 描述了针对 APN 的 BGP Flow Specification 扩展定义，定义了这个新的 Flow Specification Component，使其与传统五元组中的各个元素并存，用于流量过滤。同时，该文稿定义了报文携带 APN ID 的动作，用于流量过滤。过滤出的应用流量，根据流量和策略间的映射关系，被引导执行对应的网络策略。

11.3　感知应用实践

11.3.1　APN6 技术应用

APN6 技术为用户提供差异化服务，通过 APN-ID 精细标识关键应用或用户，引导流量进入相应 SRv6 Policy 隧道、网络切片、DetNet 路径或 SFC 等，实现应用分流和灵活选路。

1. 感知应用的SLA保证

APN6 结合 SRv6，网络节点能够感知应用，触发建立或引导流量进入满足应用 SLA 需求的 SRv6 Policy 隧道，为应用用户提供好体验。

2. 感知应用的SFC

APN6 能够帮助运营商根据客户业务需求，引导一些带有 APN Attribute 的流量进入某个SFC。SFC 上的每个服务功能都可以根据 APN Attribute 执行策略。即根据 APN Attribute，感知应用设备应该能够将流量引导到合适的服务功能上。

3. 感知应用的DetNet

APN6 能够帮助运营商根据客户业务需求，引导一些带有 APN Attribute

的流量进入某个保障确定性时延的路径。即根据 APN Attribute,感知应用头节点能够触发满足需求的路径建立,或将流量引导到满足需求的路径上。

4. 感知应用的网络切片

APN6 能够帮助运营商根据客户业务需求,引导一些带有 APN Attribute 的流量进入某个网络切片中。即根据 APN Attribute,感知应用头节点能够引导应用流量进入相应的网络切片,感知应用中间节点确保应用流量得到相应切片资源。这些应用切片拥有独立的资源与安全隔离、差异化的 SLA 可靠性保障,以及灵活的自定义逻辑拓扑。

5. 感知应用的性能检测

APN 能够帮助运营商在客户同意的基础上,对带有 APN Attribute 的流量进行性能检测。即根据 APN Attribute,感知应用处理设备应该能够基于感知应用信息执行性能检测、报告网络测量结果,验证是否满足应用程序的网络性能要求。

11.3.2　APN6 网课加速方案

2020 年 11 月,中国联通在北京完成了业界首个 APN6 现网测试,实现了 VIPKID 海外网课加速。针对传统网络难以感知应用、用户差异化体验难实现、网络资源难调度的挑战,采用 APN 技术,利用 IPv6 报文自带可编程空间,将应用信息和用户信息带入网络,实现网络感知应用、精细化 SLA 保障、用户级差异化服务、智能化流量调优。

图 11-5 所示为 APN6 网课加速方案示意。该方案可以使固网终端 IPv6 扩展报文头携带 APP Info 标识应用信息,也可在 BRAS 节点增加业务感知板卡,通过精准识别业务类型在 IPv6 扩展报文头中加入 APP Info 标识应用信息。网络层通过识别该信息字段执行更加精准的操作,按照需求引导流量进入

CUII 加速通道。经过测试，平均时延和丢包率都有所下降，通过该方案提高了网络资源利用效率，提升了用户体验。

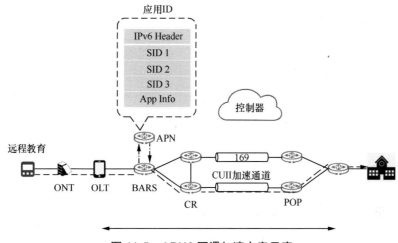

图 11-5　APN6 网课加速方案示意

APN6 方案已经得到业界广泛认可。从未来发展的角度来看，APN6 方案需要结合业界力量，构建终端、云侧服务、网络运营商互信协同模式，共同推进标准化工作及方案演进。

第 12 章

IPv6+ 算力路由技术

算力信息交互，是指在算力网络中将算力资源（CPU、GPU、内存、存储等）信息化，并通过网络完成信息交互，从而达到全网算力信息共享的目的。实现算力信息交互，需要以网络协议为基础，将算力资源度量值加载到协议报文中进行转发，并基于算力信息交互，完成全网算力信息同步。

12.1　算力路由技术概述

12.1.1　未来计算发展趋势

从集成电路时代的设备计算到信息化时代的移动计算，计算已渗透到各行各业，影响人类生活的方方面面。计算模式也发生翻天覆地变化，从以互联网为中心的云计算，到可就近实现业务闭环、敏捷智能的边缘计算，再到"云－边"计算与终端计算的联动，计算模式正在向着"云－边－端"三级架构发展，以满足智能社会多样化的算力需求。

云计算以互联网为中心，通过云端超级计算机集群，提供给客户快速、安全的云计算服务与数据存储服务。在此基础上，利用云原生技术解决跨云环境一致性问题，缩短应用交付周期，推进各组织协作，打破组织协作壁垒。受网络条件制约，中心化的云计算无法满足部分场景（如智慧安防、自动驾驶等）的低时延、大带宽、低传输成本需求，将计算从云端迁移到边缘端十分必要。边缘计算更靠近网络边缘侧，能就近提供边缘智能服务，满足行业数字化转型在敏捷联接、实时业务、数据优化、应用智能、安全与隐私保护等方面的关键需求。边缘计算与云计算互相协同，共同促进行业数字化转型。云计算聚焦非实时、长周期数据分析，能够在周期性维护、业务决策支撑等领域发挥特长。

边缘计算聚焦实时、短周期数据分析，能更好地支撑本地业务的实时智能化处理与执行。统计数据表明，将计算部署在边缘端，计算、存储、网络综合成本可节省 30% 以上。

图 12-1 所示为计算由云计算走向边缘计算和泛在计算示意。为满足未来现场级业务的计算需求，网络中的算力将进一步下沉，目前已经出现了以移动设备和物联网设备为主的端侧计算。在未来计算需求持续增加的情况下，网络计算有效补充了单设备计算无法满足的大部分算力需求，但是仍然有部分计算任务受不同类型网络带宽及时延限制。不同计算任务也需要由合适的计算单元承接，形成"云－边－端"三级异构计算部署方案是必然趋势。云端负责大体量复杂计算，边缘端负责简单的计算和执行，终端负责感知交互的泛在计算模式，形成既集中又分散的统一协同的泛在算力框架。

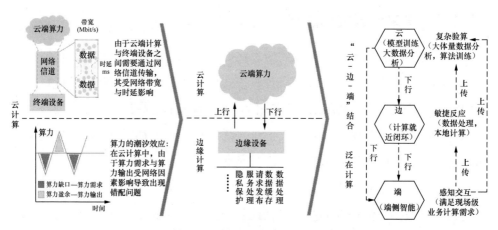

图 12-1　计算由云计算走向边缘计算和泛在计算示意

结合"云－边－端"泛在分布的趋势，计算与网络间的融合将会更加紧密，通过网络对分散的计算节点进行整合，并准确调度到所需要的业务应用中，将是一个重要课题，由此业界提出"算力网络"思想。由于单节点算力有限，大型计算业务往往需要通过整合计算节点、形成计算联网（算力网络）来实现。算力网络需要网络和计算高度协同，将计算单元和算力资源嵌入网络，实现网络对算力的感知，并基于算力资源信息完成路由决策，实现云、网、边、端、业高效协同，提高算力资源利用率。在算力网络中，用户无须关心网络中的算力资源位置和部署状态，只需要关注自身获得的服务即可。

12.1.2　未来网络发展趋势

未来网络发展需要适应中心、边缘和终端的多级算力资源。中心算力资源庞大，可以弹性扩缩容、灵活分配资源，以及高效、集中地完成计算任务，但中心算力资源与用户和需要处理的数据距离远，本地产生的数据需要远距离传输至中心，导致业务时延增加，同时数据安全和业务隐私无法得到保护。与中心算力资源相比，边缘算力资源有限，可扩展性相对较差，但距离用户更近，可以就近处理数据，节省网络带宽。为了满足终端业务的网络时延需求，许多业务需要网络就近提供算力资源，在网络中完成计算，并返回计算结果。与传统 QoS 保障需求不同，网络需要综合考虑计算速率、时延和可靠性等多重因素，将业务按需调度至最优计算节点，以保障业务的算力需求。传统网络如何实现对算力的感知，并基于算力信息完成路由计算？又如何对全网算力资源进行管理，并实现算力按需调度，满足新型业务计算需求和时延需求？这些都将成为未来网络演进面临的新挑战。

算力网络是电信运营商为应对云网融合向算网一体转变而提出的新型网络架构。为应对这种新型网络架构，需要在实现网络对算力感知的基础上，研究如何将算力信息作为权重引入路由计算中，实现基于算力的路由计算；需要在算力路由的基础上，研究未来网络如何实现全网算力资源的统一管理，如何建立计算和网络的协同管理与调度架构，实现算力资源的灵活与安全接入、按需调度与分配、高效运维，通过将计算任务调度至最优计算节点，保障满足业务算力需求，实现全网资源的高效协同。

算力路由技术是实现算网深度融合的基础。基于算网融合的新型网络架构，以无所不在的网络连接和高度分布式的计算节点作为基础设施，通过服务自动化部署、业务最优路由和负载均衡，可以构建感知全网算力的全新算力网络基础设施，保证网络能够按需、实时调度不同位置的算力资源，提高网络和算力资源的利用率，进一步提升用户体验，实现"网络无所不达、算力无处不在、智能无所不及"的愿景。

12.1.3　算力路由技术原理概述

与传统网络中基于链路度量值进行路径计算的网络路由协议类似，算力网络基于算力度量值来完成路径计算。算力度量值来源于全网算力资源信息及带宽、时延、抖动等链路指标。在电信运营商承载网中，为实现算力资源信息及链路指标的全网同步，每台路由器负责本地算力资源信息及关联链路指标的获取，并加载在网络层协议报文中，进行全网信息同步。完成全网信息同步后，每台路由器完成全网拓扑计算，并生成服务路由信息表，用以支持算力网络服务报文转发。在算力网络中，为达到上述目的，网络设备必须具备相应算力路由计算能力。算力路由技术包含两个层面的含义，一是网络如何知道算力资源的分布情况，包括网络设备对算力资源的感知，以及网络设备之间的算力资源信息交互；二是网络设备如何根据算力资源的分布情况完成路由决策，并将用户的服务需求调度到对应算力资源中去。

在算力网络中，距离算力资源池最近的网络设备负责算力资源信息的收集，在不同网络设备之间通过扩展协议等方式完成信息共享。为实现算力资源信息在网络上的共享，需要借助通信报文作为载体完成算力资源信息传递，将算力资源信息以特定规则编码写入通信报文，然后按照特定协议在网络设备间完成信息交互。如果各个网络设备的地位对等，它们只负责自身能够收集的算力资源信息并进行分享，同一个区域内所有地位对等的网络设备都会根据收集后的完整信息，以自身为根进行算力路由计算，这种实现方式称为分布式计算。如果有一台网络设备负责集中收集算力资源信息，并独立完成算力路由计算，再将路由决策信息发送给其他网络设备，这种实现方式称为集中式计算，其中负责集中收集算力资源信息的网络设备是网络控制器。

在电信运营商承载网中，承载算力资源信息的通信协议可以位于网络层及网络层之上的任意层，以网络层协议为基础，将算力资源信息基于网络层报文进行转发；可以采用通过 IGP 或 BGP 携带算力资源信息的方案，在网络协议形成的邻居之间进行信息交互，完成信息共享；也可以采用 C/S 模式，对算力资源信息以 YAML 文件或私有实现等方式进行点到点传递。目前较为常用的计算优先网络（CFN）协议主要通过在业务路由的 BGP 报文头中，以扩展字节信息的方式携带算力信息，将网络中计算节点的负载情况实时向全网扩散。

算力网络对算力资源进行整合，以服务的形式为用户提供算力。相同服务可能基于不同算力资源，以不同服务实例的形式存在。而对于用户来说，只需要向网络提出服务需求，不必了解服务实例所处的物理位置。在算力网络中，接收用户服务需求的设备，称为业务网关。业务网关具备将服务需求映射为服务实例的能力，能够根据网络情况和承载服务实例的算力资源情况，应用不同调度策略，通过动态任播等技术，将用户服务需求调度到合适的服务实例处。

12.2　算力信息交互技术

12.2.1　算力信息交互技术基础

目前，算力网络以服务的形式为用户提供算力资源，而算力资源位于基础设施层，物理位置一般与用户不同，这就需要借助网络将用户需要处理的任务传送到算力资源产生处或收集处。在初始网络中，对于用户和整个算力网络来说，算力资源的位置分布及其具备的资源量都是未知的，需要通过某种方式将算力资源共享至全网。在目前 IP 网络体系架构中，能够实现信息传递的载体是报文，将算力资源以特定算法进行建模度量，再把度量后的信息编码加载到网络协议报文中，完成信息交互，实现信息共享。

12.2.2　算力信息交互技术方案

网络协议指在网络中的对等实体之间交换信息时所必须遵守的规则。在 IP

网络中，TCP/IP 是最重要的网络协议簇，它所定义的网络分层结构是通信网络发展的基础。在 TCP/IP 体系架构中，只要算力资源 IP 地址可达，就可以认为这些算力资源可以使用。承载算力信息的通信协议可以位于网络层及网络层以上的任意层，它们以网络层协议为基础，将算力信息基于 IP 报文进行转发。

在目前设计的算力网络信息交互技术架构中，可以将算力信息承载到路由协议报文中，也可以将算力信息交互以形成独立的协议，运行在网络层与传输层之间。对于前一种方案，业界称之为 Underlay 方案。对于后一种方案，业界称之为 Overlay 方案。Underlay 方案通过路由协议报文携带算力信息，需要基于原有路由协议，进行协议报文扩展，在原有协议的基础上新定义用于携带算力信息的报文。它的优点是不需要单独定义一种新的路由协议，对于传统网络的扩展性好，缺点是需要对现有路由协议进行一定的改动。在不改变原有网络层上下接口的基础上，附着逻辑上的算力网络层，如图 12-2 所示。

在采取 Overlay 方案时，需要在原有网络架构的基础上进行创新，可以设计算力网络协议位于网络层和传输层之间的 3.5 层，如图 12-3 所示，重新定义算力网络协议之间的信令交互方式、状态机变化机制及信息携带方式等。Overlay 方案的优点是不用对传统协议进行改造，解耦性好；其缺点在于会多增加一层报文解封装，而且网络中的所有节点都需要支持算力网络协议。

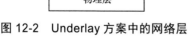

图 12-2　Underlay 方案中的网络层　　图 12-3　Overlay 方案中的算力网络层

基于目前网络体系的发展，Underlay 方案是一种更可行的算力信息交互技术方案。

12.2.3　分布式交互技术

1. 概述

CFN 是分布式算力资源信息交互技术的代表，其设计初衷是为了解决在多接入边缘计算（MEC）上部署应用复杂、MEC 使用效率低、资源复用率不高等问题。CFN 通过算力和网络状态共同确定最优路径，在位于多个不同地理位置的边缘计算站点中寻找最优计算站点，为特定边缘计算请求服务。CFN 还可以将相同的服务请求分发到不同边缘计算站点处，这是基于服务请求、网络资源和算力资源等因素所进行的选择，可以达到更优的负载均衡效果，提高 MEC 使用效率。此外，基于 CFN，服务请求能够被实时分发到被选中的边缘计算站点处。基于数据流的亲和性，相同数据流的报文也会被引导到相同计算站点处进行处理。

在 IPv6/SRv6 网络中，CFN 通过 SID 来标识特定服务，这些服务可由多个 MEC 提供。用户通常使用 SID 来访问服务，SID 可以使用任播地址来标识。在算力网络中，一个 SID 所代表的服务，可能由多个不同的 MEC 提供。用户不需要知道由哪一个 MEC 提供服务，只需将服务请求发到 CFN 入口，服务请求进入 CFN 之后，由 CFN 进行任务分发。在任务分发过程中，最合适的边缘计算站点被选中，处理特定服务请求的服务节点部署在此边缘计算站点中，这个边缘计算站点的网关设备是 CFN 出口。图 12-4 所示为 CFN 访问路径。

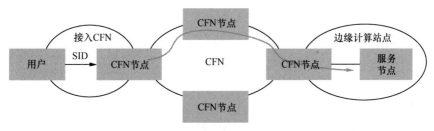

图 12-4　CFN 访问路径

2. 基于CFN的算力信息交互

在算力网络中，要实现算力资源整合、随时随地使用算力资源，需要完成算力资源信息同步。CFN 路由器负责本地算力资源信息的收集，通过路由协议报文将信息全网扩散，同时根据获得的完整算力资源信息，结合网络拓扑信息，在本地生成服务路由信息表，用于指导业务报文转发。

图 12-5 所示为分布式算力信息交互工作流程，其中，CFN 路由器 A 和CFN 路由器 D 连接了本地算力资源节点，CFN 路由器 B 和 CFN 路由器 C 负责网络中 CFN 路由器 A 和CFN 路由器 D 的连通。本地算力资源节点将算力资源信息发送给 CFN 路由器 A、CFN 路由器 D，CFN 路由器 A 和 CFN 路由器 D 将算力资源信息承载在路由协议中，发布给 CFN 路由器 B、CFN 路由器 C，实现信息全网共享。

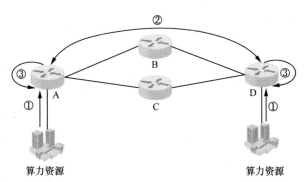

图 12-5　分布式算力信息交互工作流程

CFN 路由器 A、CFN 路由器 B、CFN 路由器 C、CFN 路由器 D 根据获取到的全网信息，结合通过路由协议了解到的网络拓扑信息，在本地生成服务路由信息表，指导业务报文转发。需要特别指出的是，CFN 路由器 B 和 CFN 路由器 C 作为中转路由器，可以不必支持 CFN，因为算力资源信息是承载在路由协议中的，CFN 路由器 B 和 CFN 路由器 C 只需要对携带算力资源信息的路由协议报文进行转发，并不需要解析报文中的 CFN 相关信息。

12.2.4　集中式交互技术

随着 IT 技术不断发展，各类应用层出不穷，不同应用对算力资源的需求侧重点有所不同。例如，二维图片处理对 CPU 要求高，视频和 AI 处理对

GPU 要求高，网络报文处理对神经网络处理单元（NPU）要求高。根据不同应用服务及所需算力资源，算力网络路由器会生成不同的服务路由信息条目，依据算力资源需求指导业务报文转发。

当应用服务数量巨大、网络规模庞大时，针对每个应用服务，每台路由器都需要获取全网信息，独立计算路径，导致整个网络工作量过大。为了提高算力网络运行可行性，需要对算力网络进行统一管理，将信息同步及路径计算集中化，在完成服务路由信息表的表项计算后，再下发给路由器。路由器只负责数据层面的业务报文转发，这与 SDN 思想一致。

前文所描述的 CFN 技术基于分布式架构，集中式架构与分布式架构的不同之处在于路由器之间不需要直接通信，也不需要通过本地计算生成服务路由信息表，只需要根据算力网络控制器的下发表项，在本地生成服务路由信息表表项、指导业务报文转发即可。在集中式架构设计中，需要考虑的问题是将算力资源信息直接发送给算力网络控制器，由算力网络控制器统一进行计算，还是沿用分布式架构思想，将算力资源信息发送给路由器，再由路由器发送给算力网络控制器？相较于路由器数量，算力资源节点数量庞大，如果每一个算力资源节点都需要与算力网络控制器通信，这会导致算力网络控制器压力过大。所以，最终采用方式是由路由器继续承担算力资源信息的收集工作，算力网络控制器只负责统一处理路由器收集到的信息。总而言之，在集中式架构的控制方式下，算力信息交互是在路由器与算力网络控制器之间完成的。

图 12-6 所示为集中式算力信息交互工作流程，具体如下：①路由器 A 和路由器 D 完成本地算力资源信息收集，收集过程可以采用本地算力资源节点将算力资源信息注册给路由器的方式，也可以采用路由器进行周期性信息采集的方式；②路由器 A 和路由器 D 将算力资源信息承载在路由协议中，发布给算力网络控制器；③算力网络控制器根据完整的算力资源信息，进行网络拓扑计算，完成服务路由信息表的生成；④算力网络控制器将服务路由信息表下发给路由器 A 和路由器 D；⑤路由器 A 和路由器 D 根据接收到的信息，在本地生成服务路由信息表，用于指导业务报文转发。

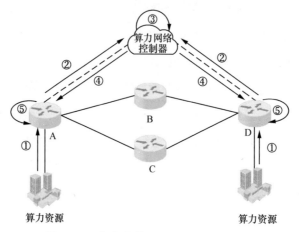

图 12-6　集中式算力信息交互工作流程

12.2.5　动态任播技术

1. 问题的解决

　　针对动态任播技术架构，提出了一种基于任播技术的服务和访问模型，解决了现有网络层边缘计算服务部署问题，包括如何感知服务的算力资源信息，如何对静态边缘设备进行选择，如何解决网络孤岛、计算度量状态刷新缓慢等问题。

2. 动态任播技术的原理

　　任播技术是一种网络寻址和路由策略，同一任播地址可以同时被分配给多个具有相同功能的应用。动态任播技术能够在网络中根据任播地址，动态地为用户提供最合适的服务。例如，动态任播技术假设在不同边缘节点上运行多个等价服务实例，为全局提供统一的服务。单个边缘节点可能具备有限的算力资源，不同边缘节点也可能具备不同的可用资源，如 CPU、GPU、数据处理器（DPU）等。动态任播技术的主要原理是多个边缘节点相互连接、相互协作，以实现一个整体目标，即在调度服务的同时，考虑服务实例状态和网络状态。

动态任播技术假设有多个等价服务实例运行在不同边缘计算站点上，全局提供一个动态任播服务 ID 表示的服务。网络根据服务实例状态和网络状态，对客户端的服务需求进行转发决策。动态任播技术体系结构有两种典型模式，即分布式模式和集中式模式。

① 分布式模式：不同服务实例的资源和状态从连接服务的边缘计算站点的 D-Router（动态任播路由器）传播到客户端的 D-Router，D-Router 具有网络拓扑和状态信息。靠近用户侧的入口 D-Router 接收客户端服务请求，根据服务实例状态和网络状态，独立决定访问哪个服务实例，并保持服务实例的亲和性。

② 集中式模式：不同服务实例的资源和状态从连接服务的边缘计算站点的 D-Router 上报给网络控制器。同时，网络控制器采集网络拓扑和状态信息，根据服务实例状态和网络状态，为每个靠近用户侧的入口 D-Router 进行路由决策，下发到所有入口 D-Router。当入口 D-Router 接收到客户端的服务需求时，根据网络控制器的决策，选择访问哪个服务实例，并维护服务实例的亲和性。

无论是分布式模式还是集中式模式，D-Router 都是动态任播网络中的主要组成部分。它提供了一种上报服务实例资源和状态的能力。为了将这种能力和前文所述的算力信息交互能力解耦，抽象出一种称为动态任播度量代理（D-MA）的模块。此模块的定义已经在最新 IETF 草案中提出，它可以对服务实例的算力资源信息进行收集，并将信息交付给 D-Router。特别指出的是，D-MA 作为一个功能模块，在物理形态上可以和 D-Router 合为一体，也可以部署在云资源池中或具备独立的物理形态。

3. 动态任播部署方案

图 12-7 展示了一个动态任播部署架构。同一服务在 MEC1 上配置 Service Instance1（服务实例 1），在 MEC2 上配置 Service Instance2（服务实例 2），即同

一服务在两个不同 MEC 上实例化了两次。D-Router1 和 D-MA1 采取解耦式部署方式，D-Router2 和 D-MA2 采取合并部署方式，图中的 Controller（网络控制器）只在集中式模式中存在。D-Router 通过 D-MA 获取到 MEC 中的算力资源信息，完成信息交互后，根据需要进行路由决策。其中，D-Router3 不连接 MEC，只连接 Client，不需要 D-MA 进行算力资源信息收集。D-Router1 和 D-Router2 不连接 Client，不需要进行用户流量转发决策。当用户访问服务时，通过 D-Router3 进行服务实例选择，D-Router3 根据路由决策结果进行用户流量转发。

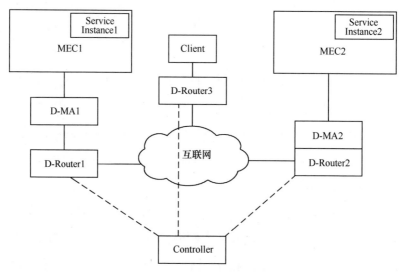

图 12-7　动态任播部署架构

4. 服务实例关联问题

当同一个服务具有多个服务实例时，基于业务连续性，来自同一个服务会话的数据报文被发送到相同出口处，由相同服务实例处理，这是动态任播技术具备的服务实例关联特性。不同服务对如何标识同一个会话有不同定义。通常，一个会话由五元组（源 IP 地址、源端口、目的 IP 地址、目的端口、传输层协议）进行标识。视频流中的视频和音频需要相同的服务实例进行处理，但是实时传送协议（RTP）视频流可能对视频和音频使用不同端口号，如果使用五元组标识，它们可能被识别为两个会话，由不同的服务实例进行处理，使用三元组（IP地址、协议、端口）标识会话更适合这种情况。基于上述原因，需要在识别会话方面保证一定程度的灵活性。

12.3　算力路由应用实践

随着高清视频、智能分析、云计算和大数据等相关技术的发展，安防系统正在从传统的被动防御升级成为主动判断和预警。在含有嵌入式 AI 芯片的端侧，可以完成人脸识别、视频结构化、图谱分析等预处理，然后通过算力网络将具有不同优先级的业务数据差异化地传送到 MEC 或云中进行处理。智慧安防业务对算力网络的实时性和确定性的高要求，需要通过 MEC 满足，但由于算力资源分配差异、算力负载不均等，本地 MEC 可能无法完全满足智慧安防业务的需求。因此，需要对算力资源进行感知和优化调度，对位于不同位置的算力资源进行整合。

在智慧安防业务场景中，CFN 发挥了关键性作用。2021 年 6 月，中国联通完成业界首个基于 CFN+APN6 协议的智慧安防现网实践，通过网络协议分发算力资源信息，以"边边协同"的方式实现算力资源的智能管控与实时调度。图 12-8 所示是基于 CFN 协议的智慧安防现网实践场景，智慧安防 MEC 分别部署在 MEC-1、MEC-2 和 MEC-3 上。MEC 分别通过 CFN 路由器 CFN R1、CFN R2、CFN R3 与网络连接。Client 主机通过 CFN R1 接入网络访问 MEC 资源。CFN 路由器能够采集和发布算力资源信息，将计算任务调度到合适的 MEC 节点处，保证用户的业务体验。

在未部署 CFN 技术的状态下，视频业务流接入距离最近的 MEC-1，假设在该时间点 MEC-1 的资源利用率接近 90%，处于高负载状态，视频播放会频繁出现卡顿现象。在部署 CFN 技术后，利用按需调度能力，自动将视频业务流引至最优计算节点 MEC-2 处进行处理，实现视频业务流不中断，视频播放更加流畅，从而大幅提升用户体验。该案例通过部署 CFN 技术完成算力资源信息的分发，以"边边协同"的方式成功地实现了算力资源的智能管控与实时调度。

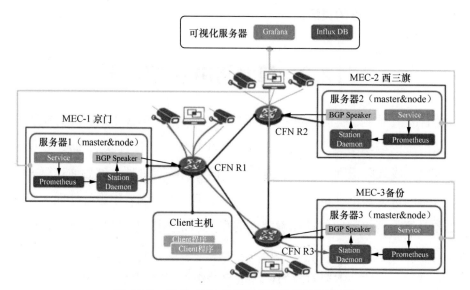

图 12-8　基于 CFN 协议的智慧安防现网实践

附 录

IPv6 相关 RFC

序号	规范内容	最新RFC编号	最新RFC发布年份	历史RFC编号
1	IPv6报文	RFC 8200	2017	RFC 2460 RFC 1883
2	IPv6地址架构	RFC 4291	2006	RFC 3513 RFC 2373
3	IPv6邻居发现协议（NDP）	RFC 4861	2007	RFC 2461
4	无状态地址自动配置（SLAAC）	RFC 4862	2007	RFC 2462
5	ICMPv6	RFC 4443	2006	RFC 2463 RFC 1885
6	IPv6以太网传送方式	RFC 6085	2011	RFC 2464
		RFC 8064	2017	
7	IS-ISv6	RFC 5308	2008	RFC 7775
8	OSPFv3	RFC 5340	2008	RFC 2740
9	BGP-4多协议扩展	RFC 2545	1999	
		RFC 4760	2007	
10	6PE/6VPE	RFC 4798	2007	
		RFC 4659	2006	
11	支持IPv6的动态主机配置协议（DHCPv6）	RFC 8415	2018	
12	网络地址转换（NAT）	RFC 4966	2007	RFC 2766 RFC 2765
		RFC 6145	2011	
		RFC 6146	2011	
		RFC 6052	2010	
13	DNS扩展/DNS64	RFC 3596	2003	
		RFC 6147	2011	
14	流标签	RFC 6437	2011	RFC 3697
15	VRRPv3 for IPv4 and IPv6	RFC 5798	2010	

参考文献

[1] 田辉，魏征."IPv6+"互联网创新体系 [J]. 电信科学，2020, 36(08): 3-10.

[2] 田辉，关旭迎，邬贺铨. IPv6+网络创新体系发展布局 [J]. 中兴通讯技术，2022, 28(01): 3-7.

[3] 李振斌，胡志波，李呈. SRv6 网络编程：开启 IP 网络新时代［M］. 北京：人民邮电出版社，2020.

[4] 中国通信标准化协会. 基于 SRv6 的网络编程技术要求：YD/T 4259—2023[S]. 2023.

[5] 推进 IPv6 规模部署专家委员会. SRv6 技术与产业白皮书 [R]. 2019.

[6] 张超. 基于 TWAMP 的协议分析与网络测量研究 [D]. 北京：北京邮电大学，2012.

[7] IETF. Segment Routing over IPv6(SRv6) Network Programming: RFC 8986[S]. 2021.

[8] IETF. IPv6 Segment Routing Header(SRH): RFC 8754[S]. 2020.

[9] IETF. Operations, Administration, and Maintenance（OAM）in Segment Routing over IPv6(SRv6): RFC 9259[S]. 2022.

[10] 中国通信标准化协会. 基于 SRv6 网络故障保护技术要求：YD/T 6054—2024[S]. 2024.

[11] IETF. Problem Statement for Service Function Chaining: RFC 7498[S]. 2015.

[12] IETF. Service Function Chaining (SFC) Architecture: RFC 7665[S]. 2015.

[13] 中国通信标准化协会. 基于 SRv6 的业务链技术要求：YD/T 4784—2024[S]. 2022.

[14] 中国通信标准化协会. 面向云网协同的业务链服务 总体技术要求：YD/T 6085—2024[S]. 2022.

[15] IETF. Active and Passive Metrics and Methods (with Hybrid Types In-Between): RFC 7799[S]. 2016.

[16] 傅佳芳，赵保华. Ping 技术研究 [J]. 微型电脑应用，2007(06): 47-50.

[17] 魏明军，杨晶．基于 TWAMP 协议的 IP 网络测量平台架构设计与实现 [J]. 无线互联科技，2016(07)：134-135.

[18] 中国通信标准化协会．电信运营商网络带内流信息的自动化质量测量技术要求：YD/T 4271—2023[S]. 2023.

[19] IETF. IPv6 Application of the Alternate-Marking Method: RFC 9343[S]. 2022.

[20] IETF. Alternate-Marking Method for Passive and Hybrid Performance Monitoring: RFC 8321[S]. 2018.

[21] 黄旭，成梦虹，成芝言．基于 IP 网络质量优化的监测方案设计 [J]. 光通信系统与网络技术，2022(03)：17-23+30.

[22] 华为．IP 网络系列丛书　SRv6[EB/OL].（2024-07-08）.

[23] 华为．IP 网络系列丛书　IFIT[EB/OL].（2023-08-10）.

[24] 华为．IP 网络系列丛书　IP 网络切片 [EB/OL].（2021-07-20）

[25] 中国通信标准化协会．5G 网络切片 端到端总体技术要求：YD/T 3973—2021[S]. 2021.

[26] IMT-2020（5G）推进组．5G 端到端网络切片发展研究报告 [R]. 2021.

[27] 中国联通北京市分公司．智能城域网 5G 承载切片白皮书 [R]. 2021.

[28] 中国通信标准化协会．增强型虚拟专用网（VPN+）技术要求：YD/T 4272—2023[S]. 2023.

[29] MARQUEZ C, GRAMAGLIA M, FIORE M, et al. Resource Sharing Efficiency in Network Slicing[J]. IEEE Transactions on Network and Service Management, 2019, 16(3): 909-923.

[30] 王全．端到端 5G 网络切片关键技术研究 [J]. 数字通信世界，2018(03):52-53.

[31] 王强，陈捷，廖国庆，等．面向 5G 承载的网络切片架构与关键技术 [J]. 中兴通讯技术，2018(01): 58-61.

[32] IETF. Multicast Using Bit Index Explicit Replication(BIER): RFC 8279[S]. 2017.

[33] IETF. Encapsulation for Bit Index Explicit Replication (BIER) in MPLS and Non-MPLS Networks: RFC 8296[S]. 2018.

[34] IETF. Bit Index Explicit Replication (BIER) Support via IS-IS: RFC 8401[S]. 2018.

[35] 中兴通讯．BIER 组播技术白皮书 [R]. 2020.

[36] 何涛，曹畅，唐雄燕，等．面向 6G 需求的算力网络技术 [J]. 移动通信，2020, 44(6):

131-135.

[37] 何林，况鹏，王士诚，等 . 基于"IPv6+"的应用感知网络（APN6）[J]. 电信科学，2020, 36(8): 36-42.

[38] 全球 IPv6 论坛，下一代互联网国家工程中心 . 2023 全球 IPv6 支持度白皮书 [R]. 2023.

[39] 中国联合网络通信有限公司，华为技术有限公司 . 云网融合向算网一体技术演进白皮书 [R]. 2021.

[40] 段晓东，姚惠娟，付月霞，等 . 面向算网一体化演进的算力网络技术 [J]. 电信科学，2021, 37(10): 76-85.